Beverley Nichols
Compton Mackenzie
Marion Cran
Vita Sackville-West

Was macht dein Garten?

Aus dem Englischen von
Brigitte Walitzek

Schöffling & Co.

Erste Auflage 2019

Originaltitel: *How Does Your Garden Grow*
Originalverlag: Doubleday, Doran & Co., Inc.,
New York 1935

Einbandfoto: Marion Nickig
Satz: Fotosatz Amann, Memmingen
Druck & Bindung: CPI Moravia Books
ISBN 978-3-89561-659-4

www.schoeffling.de

Was macht dein Garten?

Vorwort

Was Ihnen hier vorliegt, sind zwanglose Plaudereien über Gärten und Gartenarbeit, durchsetzt von beiläufigen Abstechern zu Kohlköpfen, Königen und anderen Themen. Im Großen und Ganzen (aber keineswegs immer) praktisch und informativ, greifen diese Plaudereien völlig unterschiedliche Aspekte der Gartenarbeit auf, allen gemeinsam aber ist der emotionale Faden, der sich durch sie hindurchzieht: Die Liebe zur Natur, die den Autoren eigene Fähigkeit, zu erkennen, was nicht für alle von uns ersichtlich ist, und ihr Charme.

Inhaltsverzeichnis

BEVERLEY NICHOLS

Blumenausstellungen
Herbstfarben
Winterblüher
Den Garten ins Haus tragen

Beverley Nichols

I. BLUMENAUSSTELLUNGEN

Man kann leicht erkennen, wann in der Halle der Royal Horticultural Society am Vincent Square eine Blumenausstellung stattfindet, weil sich die umliegenden Straßen dann mit den merkwürdigsten Leuten füllen – alten Damen mit Figuren, die an Apfelbäume erinnern, alten Männern mit Regentonnenbäuchen, jungen Männern, deren Gesichter die Farbe der roten Erde eines frisch gepflügten Felds in Devonshire aufweisen und jungen Frauen in klobigen Stiefeln, die ohne jede Rücksicht auf den Verkehr über die Straße stapfen und Taxen beiseitescheuchen wie einen Haufen Hühner.

Es gibt Leute, die sich über diese Blumenausstellungs-Besucher lustig machen, weil sie so gar keinen Londoner Schliff besitzen, aber ich persönlich mag sie. Jedenfalls haben die Mädchen vom Land Gesichter, die man *auseinanderhalten* kann – Gesichter, die sich voneinander unterscheiden, und ganz anders sind die Standard-Gesichter Londoner Mädchen, die ungefähr so viel Individualität besitzen wie Millionen von Marmeladentörtchen, die alle in derselben Form gebacken wurden. Auf einer Blumenausstellung sieht man nicht viele dieser Standardgesichter, und das ist einer der Gründe dafür, dass ich so gerne hingehe.

Ein weiterer Grund ist der, dass eine Blumenausstellung zu den wenigen Orten gehört, an denen es möglich ist, eine Menge Bekannte zu sehen, ohne Gefahr zu laufen, mit ihnen sprechen zu müssen oder von ihnen zum Mittagessen gebeten oder zu einer Rede auf irgendeiner Versammlung aufgefordert zu werden. Denn sobald man einen dieser Bekannten in der Ferne erspäht, kann man die Nase geschwind in einem Busch versenken und sie, als wäre man ein Vogel Strauß, dort belassen, bis die Gefahr vorbei ist.

Natürlich gibt es auch Leute, die, wenn sie einen bei diesem Tun erblicken, niederträchtigerweise hinter einem stehenbleiben, bis man denkt, dass sie weg sind. Gewöhnliche Menschen dagegen, die einen Autor dabei ertappen, wie er seine Nase in einem Busch versteckt, lassen den armen Kerl in Ruhe, teils aus Mitleid, teils aber auch, weil sie sich von hinten nicht absolut sicher sein können, dass es tatsächlich der Autor ist, dessen Nase in diesem Busch steckt, und es überaus peinlich wäre, einen völlig Fremden am Rockzipfel aus einem blühenden Rhododendron zu zerren.

Nach diesem dezenten Hinweis darauf, dass Autoren nicht gern zum Mittagessen gebeten oder zu Reden aufgefordert werden und es uns, so gern wir es auch täten, wirklich und wahrhaftig unmöglich ist, jede Woche tausend Briefe freundlicher Fremder zu beantworten, möchte ich nun ein paar bescheidene Vorschläge zur Verbesserung von Blumenausstellungen unterbreiten.

Eine der ersten Ausstellungen, die ich persönlich gerne in der Royal Horticultural Hall sähe, würde sich »Vorher-Nachher« nennen und die tatsächlichen, praxiserprobten Resultate von Düngemitteln, Pestiziden, Unkrautvernichtern und dergleichen zeigen. Ich bin diesbezüglich nämlich etwas verbittert, weil ich den ganzen letzten Monat damit verbracht habe, die eine Hälfte meiner Staudenrabatte mit einem Düngemittel zu gießen, das mir garantierte, jeden Hinterhof über Nacht in einen Garten Eden zu verwandeln. Die andere Hälfte der Rabatte überließ ich strikt sich selbst, setzte mich und wartete gespannt auf die Ergebnisse. Sie waren extrem unbefriedigend. Die Pflanzen, die ich sich selbst überlassen hatte, hatten sich sehr schön entwickelt, während die, die mit Dünger verhätschelt worden waren, mäkelig und kümmerlich aussahen, als litten sie an Verdauungsstörungen oder Unterernährung – keine Ahnung, was von beidem. Deshalb würde ich gerne eine Vorher-Nachher-Ausstellung von Leuten sehen, die mit den Düngemitteln eher unterschiedliche Ergebnisse erzielten.

In dieser Ausstellung gäbe es auch einen Bereich, der sich mit Schädlingen – also mit Ursache und Abhilfe – befasst. Auf der einen Seite der Halle gäbe es reihenweise Rosen, Geißblätter, Aschenblumen und dergleichen – alle voller

Blattläuse. Auf der anderen Seite stünden genau dieselben Pflanzen, bloß wäre ihr Teint absolut makellos, weil sie mit irgendjemandes patentierter Anti-Blattlaus-Mixtur besprüht wurden. Wenn man von einer Seite der Halle zur anderen ginge, wäre die Wirkung ähnlich wie die in der Werbung für Gesichtscreme. Dort zeigt das erste Bild eine Frau, die einer besonders stark geschrumpelten ägyptischen Mumie ähnelt, wie annähernd hundert aussieht und mutterseelenallein in einer Ecke des Ballsaals sitzt, während die Männer achtlos an ihr vorbeigehen. Auf dem nächsten Bild sieht sie aus wie eine strahlend schöne Fünfzehnjährige, die sich vor Orchideen kaum retten kann und von Horden hingerissener junger Männer umlagert wird. Und darunter steht geschrieben: »Mein Leben hat sich völlig verändert, seit ich die Coldcreme von X verwende.«

Mein Leben hat sich ganz und gar nicht völlig verändert, seit ich die Anti-Blattlaus-Mixtur von X verwende, allerdings scheint das Leben der Blattläuse eine überaus erfreuliche Wendung genommen zu haben. Ich bin sicher, könnte ich, während ich die Blattläuse mit der Mixtur besprühe, durch ein Mikroskop schauen, würde ich sehen, wie sich ein Ausdruck des Entzückens über ihre widerlichen kleinen Gesichter breitet, sobald sie von der Flüssigkeit berieselt werden. »Ah!«, würden sie seufzen. »Genau darauf haben wir seit Jahren gewartet! Genau dieses Tonikum haben wir gebraucht! Genau das hat uns gefehlt, um unsere Nerven zu beruhigen, uns zu nähren und uns das Gefühl zu geben, dass das Leben lebenswert ist. Mehr! Mehr!« Das würden sie dem schwitzenden Gärtner zurufen, der die Spritzdüse betätigt, bis er schwarz anläuft. Und wenn der Gärtner seine Sprühflasche zu guter Letzt beiseitelegt, geben die Blattläuse ein befriedigtes Seufzen von sich, betten sich zur Ruhe und wachen am nächsten Morgen voller neuer Energie auf.

Daher würde ich mich über eine Ausstellung freuen, in der man mit eigenen Augen sehen könnte, wie die Blattläuse dahinsiechen. Aber ich bezweifle, dass ich das je erleben werde.

Eine weitere Ausstellung, die ich mit Begeisterung besuchen würde, wäre eine Ausstellung der

Absonderlichkeiten – dort sähe man merkwürdige Pflanzen, die niemand sonst hat, seltsame Entstellungen und alles, was zu ungewöhnlichen Zeiten blüht. Zu dieser Ausstellung beitragen würden in erster Linie all die absonderlichen Leute, die mit unerbittlicher Regelmäßigkeit an die Zeitungen schreiben, um der Welt mitzuteilen, dass sie den ersten Kuckuck gehört oder die erste Primel gepflückt haben oder dass ihre Katze im Schlaf pfeift und keinen Fisch frisst oder dass sie im Becken in der Spülküche einen dort wachsenden Pilz gefunden haben und gerne wüssten, ob andere Leser ähnliche Erfahrungen gemacht haben, und falls nicht, wieso nicht? Dieser merkwürdige Teil der Bevölkerung, dem nie etwas Gewöhnliches zu widerfahren scheint, diese kleine Horde eigenartiger Personen, die in den Zeitungen einen so großen Raum einnehmen, wäre ganz sicher entzückt, all ihre Merkwürdigkeiten an die Absonderlichkeiten-Ausstellung zu schicken. Den ersten Kuckuck könnten sie natürlich nicht schicken, definitiv aber den Pilz aus dem Becken in der Spülküche. Vielleicht würden sie sogar die im Schlaf pfeifende Katze schicken, und dann könnte man zusätzliche sechs Pence von allen verlangen, denen daran gelegen wäre, dieses ergötzliche Phänomen zu hören.

Es erübrigt sich zu sagen, dass ich selbst eifrig zu dieser Absonderlichkeiten-Ausstellung beitragen würde. Es ist nämlich schrecklich schwer, über die eigenen Erfahrungen zu sprechen, weil Gärtner bedeutend schlimmer sind als Angler – wenn sie ihre Ackerbohnen beschreiben, recken sich ihre Arme weit höher als die jedes Anglers, der die Größe eines Hechts verdeutlichen will, und ihre Zungen gehen auf die erschreckendste Weise mit ihnen durch, als seien sie betrunken vom Duft der Blumen, von denen sie sprechen. Trotzdem werde ich es wagen, Ihnen von ein paar wenigen Absonderlichkeiten zu erzählen, die ich selbst hätte beisteuern können.

Letzten Oktober zum Beispiel hätte ich ein überaus bezauberndes Primelsträußchen einreichen können. Wieso die Primeln zu diesem Zeitpunkt blühten, kann ich nicht sagen, aber sie taten es – und es war ein sehr eigenartiges und ungemein aufregendes Gefühl, sie zu pflücken, als sich das Jahr bereits dem Ende zuneigte, und durch sie an die lang vergessenen Düfte des Frühlings erinnert zu werden. Zu Weihnachten hätte ich einen bunt gemischten Strauß schicken können, in dem sich eine Rose und ein Schneeglöckchen, die sich mit hochmütigen Gesichtern beäugten, Seite an Seite fanden. Außerdem enthielt der Strauß ein Löwenmäulchen, ein Maßliebchen und diverse andere Blumen, die eigentlich längst hätten schlafen müssen. Auch das ergäbe eine bezaubernde Ausstellung – eine, die ausschließlich bunten Sträußen gewidmet wäre, die sich aus Blumen zusammensetzen, die zu Unzeiten blühen, und ich wette, es gäbe dort wirklich Erstaunliches zu sehen.

Und dann würde ich mich über eine Ausstellung freuen, die sich »Dinge, die wir übersehen« nennen könnte. Dort könnten die Leute all die bezaubernden Pflanzen hinschicken, die zwar nicht direkt zu den Blumen zählen, aber dennoch einen Platz im Blumengarten verdient hätten. Ich will Ihnen ein Beispiel nennen. Letzten Sommer war ich zu Besuch in einem Haus in Hampshire, das für die Schönheit und Originalität seiner Gärten berühmt ist. Es gab eine Menge von ihnen, am schönsten aber war ein ummauerter Garten, in dem alle Blumen blau waren. Natürlich fanden sich dort die üblichen Verdächtigen wie Rittersporn und Eisenhut, aber das allerschönste Blau stammte von Gruppen von Kohlköpfen – ganz normalen Kohlköpfen. Vor dem Hintergrund des strahlenden Blaus der anderen Blumen besaßen die Kohlköpfe eine Schönheit und Eleganz, die sie zu etwas ganz und gar Entzückendem machten.

Es gibt so viele aufregende Entdeckungen, die in eine Ausstellung »Dinge, die wir übersehen« aufgenommen werden könnten, dass ich nur ein paar davon aufzählen kann. Jedenfalls kann ich nicht umhin, mich zu fragen, wie viele Menschen wohl bemerkt haben, dass das Weidenkätzchen zu den schönsten Blüten im Aprilgarten gehört. Ich frage mich, wie vielen Menschen beim Pflücken einer Rose auffällt, dass die Blätter oft eine intensivere Farbe und eine zartere Form haben als die eigentliche Blüte? Und ich frage mich, wie viele Leute, die meinen, alles über Gärten zu wissen, auch nur ein Zehntel der Schönheiten unter den Wildblumen nennen könnten, die am

Rand jeder x-beliebigen Landstraße auf einen warten.

Und jetzt ist es, wie ich fürchte, heraus, denn ich muss gestehen, dass die Ausstellung, die ich am allermeisten liebe, kein Dach hat, um die Sonne fernzuhalten, und keine Wände, um dem Wind Einhalt zu gebieten. Ich meine die immerwährende Ausstellung, die Tag für Tag von der Natur für alle veranstaltet wird, die einen Spaziergang auf dem Land machen.

Es ist eine Ausstellung, deren Trost nie versagt. Als ich anfing, diesen kleinen Text vorzubereiten, fühlte ich mich elend und deprimiert, was der Grund für die Bissigkeit der anfänglichen Bemerkungen ist. Die Blattläuse im Gewächshaus sahen munterer aus denn je, die Beete, die gedüngt worden waren, wirkten noch trister. Zudem hatte ich die Druckfahnen eines neuen Liedes korrigiert, das ich gerade erst veröffentlicht hatte, und die Traurigkeit des Titels, »My Heart is Out of Work«, »Mein Herz hat nichts mehr zu tun«, fand ihren Widerhall in der Drossel vor dem Fenster, die die ersten Takte meiner Melodie völlig falsch nachpfiff.

Also ließ ich den Stift fallen und ging los, um mir die Blumenausstellung an der nächsten Landstraße anzusehen. Wieso tun Sie das nicht auch, sobald sich die Gelegenheit dazu ergibt? Denn in dieser Blumenausstellung gibt es außer den Blättern keine Etiketten, und oft muss man sehr genau hinsehen und jede Ader und jede Wickelranke ganz genau studieren, um den Namen lesen zu können, der in grünen Lettern und in Pollenschnörkeln darauf geschrieben steht. Es gibt keine Schilder an den Wildrosen, aber sie duften nichtsdestoweniger. Es gibt auch keine Verkäufer, die Ihnen sagen, wie viel die einzelnen Pflanzen kosten, weil sie alle kostenlos sind. Was wahrscheinlich der Grund dafür ist, dass die Landstraßen so verlassen daliegen, denn in dieser lächerlichen Zeit sind die meisten von uns so übersättigt, dass wir nicht glauben können, dass etwas, wofür wir nicht bezahlt haben, schön sein kann. Ich aber glaube, dass es unter meinen Lesern ganz bestimmt ein paar gibt, die Freude nicht in Bargeld messen. Und obwohl es furchtbar pathetisch klingt, würde ich diese beiläufigen Bemerkungen gerne mit den Zeilen eines anderen Liedes beenden – das *nicht* von mir geschrieben wurde –, und das mit Worten beginnt, die vielleicht all jenen in Erinnerung bleiben, die es sich nicht leisten können, Blumenausstellungen zu besuchen – sieben sehr einfachen, aber sehr wahren Worten:

The best things in life are free![1]

Die besten Dinge im Leben sind kostenlos.

1 *The Best Things in Life Are Free* ist ein Lied von Ray Henderson (Musik), B. G. DeSylva und Lew Brown (Text), das 1927 erschienen ist. A. d. Ü.

Beverley Nichols

II. HERBSTFARBEN

Ich fürchte, ich muss Ihnen gleich zu Anfang ein Geständnis machen, nämlich dass ich die unangenehme Angewohnheit habe, die Jahreszeiten zu dramatisieren. Der Frühling kommt mir immer vor wie eine Zeit der Werbung, der Sommer wie die Ehe, der Herbst wie eine wirklich grandiose Party und der Winter wie ein Tod, aber ein Tod, der die Unendlichkeit des Lebens in sich trägt.

Alles in allem glaube ich, dass ich die Partyzeit am meisten mag – womit ich, anders ausgedrückt, sagen will, dass der Herbst meine liebste Jahreszeit ist. Und ich glaube, er wäre auch die liebste Jahreszeit vieler anderer Menschen, wenn sie wüssten, was für großartige Partys in ihrem eigenen Garten stattfinden könnten, würden sie sich nur ein klein wenig Mühe geben. Denn es gibt alle möglichen wundervollen Bäume und Sträucher, die anscheinend nie in die Gärten der meisten Leute eingeladen werden, obwohl sie ein so festliches Naturell haben, dass ihr Teint am Morgen danach, womit ich den Morgen nach dem ersten Frost meine, geradezu strahlt, weil sie die Ausschweifungen der Nacht so genossen haben. Es gibt Sträucher, die wie unbekümmerte junge Taugenichtse aussehen und sich beim ersten Anzeichen des Winters mit unzähligen leuchtendblauen Bohnen schmücken, und wenn man sie am Morgen betrachtet, sehen die blauen Bohnen aus wie die grellbunten Überbleibsel irgendeines Kinderfests, die sie in ihren Knopflöchern vergessen haben. Dazu gibt es viele Bronze-, Gelb- und Goldtöne, die Ihren Garten so festlich aussehen lassen wie einen Ballsaal auf dem Höhepunkt einer absolut großartigen Party, und wenn es windig ist und Sie die Augen halb schließen, verwandeln sich diese Farben in die Kleider von Frauen, die sich zur Musik des Windes drehen und wiegen.

Allerdings ist die Frage, »Was ist Ihre liebste Herbstpflanze?«, fast so schwer zu beantworten wie »Was ist Ihre Lieblingsblume?« Auch *diese* Frage wird nur höchst selten schnell und zügig beantwortet, außer von Darstellerinnen an Boulevardtheatern, die, meiner Erfahrung nach, zu jeder Tages- und Nachtzeit auf alles eine Antwort parat haben. Aber ich muss gestehen, dass ich tatsächlich eine liebste Herbstpflanze habe – einen Strauch, der mir mehr Freude geschenkt und meine Zimmer strahlender und fröhlicher gemacht hat als fast alles, was im Frühling blüht. Der Name – und an dieser Stelle flehe ich Sie an, sich Stift und Papier zu holen, falls sie beides nicht bereits zur Hand haben. Der Name lautet *Euonymus europaeus*. Falls Ihnen das zu beängstigend klingt, wäre es vielleicht eine gute Idee, Ihnen den viel einfacheren und hübscheren allgemein gebräuchlichen Namen zu nennen, nämlich Gewöhnlicher Spindelstrauch, oder, noch besser, Pfaffenhütchen.

In meinem Buch *Große Liebe zu kleinen Gärten* finden Sie eine begeisterte Beschreibung des Spindelstrauchs. Dort bezeichnete ich ihn als »Apfelblüte im November«, was absolut keine Übertreibung ist. In der Nähe meines kleinen

Cottage gibt es einen Wald, in dem ich gelegentlich illegale Streifzüge unternehme, und dort, oben auf einem Hügel, auf magerstem Boden, steht ein Spindelstrauch von einem guten Meter Höhe. Die Zweige sind von einer Unzahl hellroter Früchte überzogen, die sich wie Blütenblätter öffnen und die innen enthaltenen, leuchtend orangefarbenen Samen enthüllen. Wenn man sich einen großen Strauß schneidet – und ich muss gestehen, dass ich das unweigerlich tue –, glaubt man, eine wundervoll brennende Fackel in der Hand zu haben, und ich kann Ihnen versichern, dass Sie sich, falls Sie so wie ich als Wilddieb unterwegs sind, ebenfalls wie eine brennende Fackel fühlen werden, vor allem, wenn Sie sich am Horizont entlangdrücken, um der unangenehmeren Sorte Wildhüter aus dem Weg zu gehen. Aber es lohnt sich. Also bitte, merken Sie sich diesen Strauch. Jede gute Gärtnerei kann ihn für Sie besorgen. Er braucht nicht viel Sonne, gedeiht auch auf mageren Böden und schenkt Ihnen an den trübsten Novembertagen alle Empfindungen, die Sie mit der Quitte verbinden.

Und jetzt müssen Sie Ihren Stift noch einmal

hervorholen, denn es gibt einen Strauch, den Sie *unbedingt* auf Ihre Herbstparty einladen müssen, wenn sie ein Erfolg werden soll, und der heißt *Cotinus obovatus*, der Perückenstrauch. Zu dieser Jahreszeit sind die Blätter von einem intensiv leuchtenden, von Orange durchzogenen Scharlachrot. Ich bin überzeugt, würde man diesen Strauch mitten in eine Gruppe von Fächerahornen und Scharlacheichen setzen, würde er sie alle in den Schatten stellen, wie eine *fast* zu gut gekleidete Frau auf einem ganz besonders festlichen Ereignis. Der Perückenstrauch ist relativ unempfindlich, und obwohl er zu manchen Jahreszeiten nur schwer zu finden ist, müssten Sie ihn mit etwas Mühe auftreiben können. Und wenn Sie ihn zu Ihrer Party einladen, sollten Sie auch seinen Bruder bitten – *Rhus typhina laciniata*, den Geschlitztblättrigen oder Farnwedel-Essigbaum, der nicht ganz so intensiv gefärbt ist, dafür aber hübschere, farnartige Blätter hat, wie der Name schon sagt.

Natürlich werden Sie auch einige Mitglieder der Ahorn-Familie dazu bitten, die für den Erfolg jeder wirklich guten Herbstparty unverzichtbar sind. Jeder kennt den ein oder anderen Ahorn, aber auf die Gefahr hin, überheblich zu klingen, möchte ich hier einwerfen, dass einige Mitglieder der Familie den anderen bei weitem vorzuziehen sind. Vorsicht ist vor allem beim japanischen Zweig der Familie geboten, weil einige der japanischen Ahorne dazu neigen, gelegentlich etwas unbeherrscht zu sein – wie junge Männer, die nach einem einzigen Drink knallrot anlaufen und sich ungebärdig aufführen. Einige Japan-Ahorne tun das, sobald sie nur ein kleines bisschen Frost genippt haben und sind die Mühe wirklich nicht wert.

Aber es gibt einen, dessen Verhalten während der ganzen Party ohne Fehl und Tadel sein wird, und sein Name lautet *Acer felicifolium*, Japan- oder Fächer-Ahorn. Er besitzt jede nur erdenkliche Tugend. Zunächst einmal gehört er zu den Ersten, die zur Party erscheinen, tatsächlich verfärbt er sich manchmal schon im August. Aber das tut er nicht etwa schnell, sondern geht ganz allmählich von einem hellen Pink zu einem dunklen Bronzeton über. Wenn er das erledigt hat, denken Sie vielleicht, er hätte genug zu Ihrer

Unterhaltung beigetragen. Aber sobald die ersten Fröste kommen, nimmt er ein leuchtendes Rot an – eine Art Siegelwachsrot, und dazu sind seine Blätter so robust, dass sie sich oft noch viele Tage halten, nachdem die weniger vortrefflichen Verwandten alle Hoffnung aufgegeben haben. Ich bitte Sie inständig, sich den Namen dieses Ahorns zu merken – *felicifolium*. Es bedeutet »glückliches Blatt«, und ich kann mir niemanden vorstellen, den der Anblick nicht glücklich machen würde.

Mir fehlt die Zeit, mehr als flüchtig auf die lange Liste der Bäume und Sträucher einzugehen, die Sie zu Ihrer Party bitten könnten. Deshalb werde ich so, als würde ich aufs Geratewohl ein Adressbuch aufschlagen, abrupt zu einer völlig anderen Familie springen – der Familie der japanischen Wildäpfel, *Malus floribunda*, auch Korallenstrauch genannt. Sie können gefahrlos so viele Mitglieder dieser Familie einladen, wie Sie wollen, aber ein Zweig übertrifft meiner Meinung nach die anderen bei weitem, und das ist *Pyrus malus John Downie. Das* Wichtigste daran ist der Name John Downie – ich glaube, er war der Amerikaner, der den Baum einführte. Im Herbst ist er im wahrsten Sinn des Wortes übersät von winzigen, eiförmigen Äpfeln, die so bunt sind, dass sie wie Ostereier aussehen. Zu den Vorzügen dieses Baumes gehört auch, dass die Früchte nicht nur schön anzusehen, sondern auch sehr schmackhaft sind und sich wunderbar einlegen oder zu Gelee verarbeiten lassen – allerdings weigere ich mich, das Rezept an, egal wen, weiterzugeben.

Und jetzt müssen Sie schon wieder zum Stift greifen, weil mir gerade zwei Pflanzen eingefallen sind, die zutiefst beleidigt wären, würden sie nicht zur Party eingeladen, und Sie würden einen schweren Fehler begehen, würden Sie sie nicht dazu bitten, denn viele Leute wissen nicht einmal, dass sie existieren. Das eine ist *Aralia elata* – die Japanische Aralie, ein stacheliger kleiner Baum oder Strauch, der auch Teufelskrückstock genannt wird. Sollten Sie sich über diesen Namen wundern, können Sie ja mal versuchen, den Stamm zu umfassen. Wahrscheinlich fallen Ihnen dann sofort noch schlimmere Namen ein. Abgesehen von der prächtigen Herbstfärbung hat *Aralia elata* auch wunderschöne cremigweiße Blütenstände, die sich Ende August bis September bilden.

Eine weitere Pflanze, die ebenfalls im September blüht und sich eine sehr schöne Herbstfärbung zulegt, ist *Andromeda arborea*, der Sauerbaum. Er sollte auf jeden Fall eingeladen werden, weil seine Blätter zu dieser Jahreszeit so intensiv leuchten, dass sie aussehen, als seien sie in Rotwein getaucht worden.

Es wäre jedoch ein großer Fehler zu denken, dass die Herbstpalette nur Rot-, Bronze- und Goldtöne zu bieten hat. Wenn Sie bereit sind, ein wenig Mühe auf sich zu nehmen und ein bisschen Geld auszugeben, können Sie auch Blautöne haben. Und hier möchte ich die Bäume und Sträucher kurz verlassen, um Sie zur Staudenrabatte zu führen und Ihnen eine Pflanze zu zeigen, die meiner Meinung nach in diesem Land sträflich vernachlässigt wird – eine Pflanze, die im November in vielen Gärten blühen könnte.

Es ist eine aus Japan stammende krautige Pflanze namens *Desmodium cinerascens.* Das Bettlerkraut ist etwas wirklich Wunderschönes.

Die hohen Stengel neigen sich nach unten und sind mit violetten, wickenähnlichen Blüten besetzt. Als ich es das letzte Mal sah, stand es neben einem Japanischen Losbaum – *Clerodendron fargesii*, auch Harlekin-Baum genannt, und ich möchte Sie bitten, sich auch diesen Namen zu merken, weil es nämlich der Name der Sträucher mit den blauen Bohnen ist, von denen ich zu Beginn dieser kleinen Ausführung sprach. Sie haben etwas bezaubernd Künstliches an sich, weil die blauen Früchte von krapproten Fruchtblättern umgeben sind, und aussehen, als seien sie von einem zu Unfug aufgelegten Kind angemalt worden.

Mag sein, dass Sie nicht die Absicht haben, auch Kletterpflanzen zu Ihrer Party einzuladen, aber Sie können ganz sicher sein, dass sie sich auf jeden Fall Zugang verschaffen werden. Von daher können Sie genauso gut dafür sorgen, dass es auch die richtigen sind. Und von allen Kletter-, Rank- oder Schlingpflanzen, die ich kenne, ist keine unerschrockener und prachtvoller und lässt sich selbst vom kältesten Empfang so wenig abschrecken wie eine japanische, die den Namen

Vitis ficifolia trägt. Sie müssen Ihren Bleistift unbedingt anspitzen, um sich diesen Namen aufzuschreiben, denn Sie werden es sich nie verzeihen, wenn Sie ihn vergessen. Als ich diese Pflanze das letzte Mal sah, kletterte sie mit beträchtlicher Begeisterung in einem großen Holunder herum, was eine bezaubernde Wirkung ergab. Manche Leute haben Vorbehalte gegen Kletterpflanzen, die andere Bäume als Stütze verwenden, aber das ist ein Vorbehalt, den ich selbst nie teilen konnte. Es erübrigt sich zu sagen, dass man natürlich nicht sehen möchte, wie eine prächtige Eiche von den Klauen eines ungehobelten Efeus gewürgt wird, aber es gibt Bäume, die die Aufmerksamkeiten der Kletterer anscheinend geradezu genießen. Zu den schlichtesten, aber entzückendsten Herbsteffekten, die ich je sah, gehörte eine alte Ulme, deren Besitzer es einem wilden Wein erlaubt hatte, an ihrem Stamm emporzuklettern. Der Wein fügte der Ulme keinerlei Schaden zu, und mir tat der Anblick ungemein wohl.

Ich fürchte, je länger meine Liste wird, desto mehr werden manche Leute vor Ungeduld mit den Hufen scharren, weil ihr persönlicher Liebling noch nicht genannt wurde. So zum Beispiel habe ich die Azaleen nicht erwähnt, weil ich davon ausgehe, dass sie auch ohne Empfehlung meinerseits zur Party eingeladen werden. Und weil es, sobald man anfängt, über Azaleen zu reden, extrem schwer ist, wieder damit aufzuhören. Auch den metallischen Glanz von *Viburnum plicatum*, dem Japan-Schneeball, habe ich nicht erwähnt, weil er eigentlich eine Frühlingspflanze ist und es nur seiner außergewöhnlichen Liebenswürdigkeit zu verdanken ist, dass er sein Alter ebenso schön gestaltet wie seine Jugend. Ich habe versucht, hauptsächlich solche Pflanzen vorzustellen, mit denen Sie vielleicht nicht ganz so vertraut sind, damit Sie, falls Sie sie erwerben, Ihre Freunde in den Garten führen und mit heimlicher Freude den angewiderten Ausdruck beobachten können, der sich über ihre Gesichter breitet, wenn ihnen klar wird, dass Sie etwas haben, was sie selbst nicht einmal kennen.

Ich kann mir keine Pflanze vorstellen, bei der es wahrscheinlicher ist, dass sie Ihnen große Freude bereiten wird, als *Callicarpa giraldii*, auch Schönfrucht oder Liebesperlenstrauch genannt. Sie besitzt drei ganz besondere Vorzüge. Erstens bringt sie im September bezaubernde Büschel violetter Blüten hervor. Zweitens entstehen daraus Trauben rot-violetter Früchte, die sich bis tief in den Winter hinein halten. Drittens ist das Laub wirklich bemerkenswert, weil es sich gegen Ende dieses Monats praktisch violetter färbt als jedes andere Laub, das ich kenne.

Als ich das letzte Mal eine *Callicarpa giraldii* sah, war sie Teil einer jener absurden Farbmischungen, die so unterschiedlich und zufällig sind, dass der allgemeine Eindruck nicht der eines heillosen Durcheinanders war, sondern an einen wunderschönen Strauß erinnerte. Zu ihren Füßen wuchs eine Gruppe *Polygonum* – Vogelknöteriche –, und falls Sie sich mit dem *Polygonum* nicht so recht auskennen, sollten Sie sich den Namen dieser Sorte merken, die *Amplexicaule* genannt wird, denn dieser Kerzenknöterich schenkt Ihnen zu dieser Jahreszeit mit seinen Blütenkerzen das hübscheste Kirschrot, das Sie sich vorstellen können. Er ist extrem unempfindlich.

Neben dem Polygonum wuchs ein riesiges Büschel Fackellilien. Aber es waren nicht die gewöhnlichen Fackellilien, deren kleine, röhrenförmige Blüten nach unten weisen. Die Blüten dieser Fackellilien wiesen nach oben, so dass sie nicht einfach nur erbost aussahen, sondern geradezu außer sich wirkten und man fürchten musste, man bekäme die unflätigsten Dinge zu hören, wenn man sich ihnen nähern würde. Alle, die eine heimliche Vorliebe für Fackellilien haben, sollten sich den Namen dieser Sorte notieren, denn sie steht in diesem Augenblick immer noch in voller Blüte. Sie nennt sich schlicht und ergreifend Erecta, was eigentlich alles sagt.

Den ganzen Herbst hindurch gibt es einen unaufhörlichen Korso aus Gold und Feuer- und Scharlachrot, aus Scharlach- und Feuerrot und Gold, und manchmal ist der Korso so bunt, dass die Augen fast überfordert sind und sich nach ein wenig Erholung sehnen, nach einem Hauch frischen Grüns, als Ausgleich zu all diesen hitzigen Farben. Aber in den meisten Gärten ist dieses Grün um diese Jahreszeit nicht zu finden. Es gibt das dunkle Grün der Koniferen, es gibt eine

Menge Sträucher mit glänzenden, dunklen Blättern, aber was fehlt, ist das liebliche, junge Grün von Weidenblättern im Mai. Der Bambus würde uns dieses Grün mit absoluter Gewissheit liefern. Wieso lassen wir ihn nicht? Ich glaube, es liegt daran, dass in den Köpfen sehr vieler Menschen in diesem Land die irrige Vorstellung verankert ist, dass der Bambus ein Exot ist. Entweder denken sie, dass er höchstens in den wärmsten Regionen gedeihen würde, was absurd ist, oder dass er nicht zu den gewöhnlichen Bäumen und Sträuchern der englischen Landschaft passt. Ich bin sicher, dass manche Leute sogar denken, dass ein Bambus etwas leicht Ungehöriges an sich hat – was man ihnen nicht einmal verdenken kann, wenn man sich in Erinnerung ruft, auf welch abgrundhässliche Weise er so oft an den Promenaden der optimistisch benannten englischen Riviera gruppiert wird, klumpenweise am Rand einer Asphaltstraße zusammengepfercht oder in den städtischen Grünanlagen vor ein Toilettenhäuschen gequetscht.

Aber wenn Sie ein paar Bambuspflanzen zwischen Ihre in allen Herbstfarben leuchtenden

Sträucher platzieren, werden Sie die Wirkung von Rot und Gelb durch das frische Grün im Hintergrund enorm erhöhen. Der Bambus ist vielleicht die einzige immergrüne Pflanze, die ewig jung wirkt. Dauernd umgibt ihn ein Hauch von Frühling. Ich hoffe wirklich, dass Sie ihn zu Ihrer Party einladen werden. Denn selbst wenn die anderen Gäste längst gegangen sind – wenn das letzte traurige Blatt mit einem trotzigen roten Aufflammen davongeflattert ist wie ein Cape, das durch eine Tür verschwindet –, ist der Bambus immer noch da, frisch und lieblich und grün, wie junge Leute, die sich nichts dabei denken, unbekümmert weiter zu feiern, bis das erste Morgenlicht zu sehen ist.

Beverley Nichols

III. WINTERBLÜHER

Nun möchte ich Ihnen von Pflanzen erzählen, die mitten im tiefsten Winter in Ihrem Garten blühen könnten, und ich werde weder über seltene und teure Pflanzen schreiben, noch über welche, die gehätschelt und getätschelt und in frostigen Nächten mit hässlichem Flanell umwickelt werden müssen. Vielmehr will ich Ihnen einfach von den vielen wackeren, fröhlichen kleinen Blüten erzählen, die von der großen Mehrheit aller Gärtner nicht beachtet werden, bei denen man sich aber darauf verlassen kann, dass sie einem selbst an den dunkelsten Dezember-, Januar- und Februartagen endlose Blütenfreuden bereiten werden.

Zuerst aber muss ich den ganz normalen Durchschnittsgärtnern einen sanften Tadel aussprechen. Die meisten von ihnen werfen Anfang

November einen letzten Blick auf ihre Gärten und gehen dann dazu über, sie bis zum Frühling zu ignorieren. Ich bin mir ganz sicher, dass ein Garten es nicht mag, derart ignoriert zu werden. Er mag es nicht, mit Tüchern verhüllt zu werden, als sei er ein Zimmer, das Sie den Winter über nicht nutzen wollen und deshalb abschließen. Vor allem, weil ein Garten weiß, wie fröhlich und bezaubernd er selbst mitten im frostigsten Winter sein *kann*, wenn Sie ihm nur eine Chance dazu geben. Also tun Sie mir bitte den Gefallen und merken Sie sich ein paar der Pflanzen, die ich nun nennen werde.

Im letzten Winter – genauer gesagt am 15. Januar – brachte ich einen großen Korb mit zurück nach London, gefüllt mit Blumen, die ich ein paar Tage nach einem heftigen Kälteeinbruch draußen gepflückt hatte. Ich werde Ihnen die Blüten in diesem Korb zunächst beschreiben und Ihnen erst dann verraten, wie sie heißen. Der Korb enthielt einen dicken Strauß leuchtend-goldener Blüten, die genau wie Butterblumen aussahen. Ein paar Iris im blassesten nur vorstellbaren Blau. Einen großen Strauß fedriger gelber Blumen, die Orchideen ähnelten, einen Strauß malvenfarbener Blüten, die nach Apfelkuchen dufteten, und einen weiteren in einem hellen Gelb, der nach Zitronen roch. Dann waren da noch ein paar Stiele, die an Maiglöckchen erinnerten, mehrere Heidezweige in einem hellen Rosa und ein Strauß gemischter Krokusse. Sie alle, wiederhole ich, wurden am 15. Januar in einem vergleichsweise ungeschützten Garten gepflückt. Ihre Wirkung war betörend und berauschend. Wenn Sie wollen, können Sie all diese Blumen ebenfalls haben, also werde ich sie jetzt bei ihren Namen nennen.

Bei dem dicken Butterblumenstrauß handelte es sich natürlich um Winterlinge. Sie sind leuchtend gold und sehen genau aus wie große Butterblumen, außer, dass sie eine grüne Rüsche um den Hals tragen. Von allen Winterblumen, die ich kenne, ist keine wackerer oder verlässlicher als der Winterling. Er ist einfach nicht kleinzukriegen. Würde man ihn darum bitten, würde er, wie ich glaube, sogar auf einem Eisberg wachsen. Tatsächlich hat er das in meinem Garten fast getan, denn einmal pflanzte ich ein paar Winterlinge unter einen Baum. Kurz darauf wurde das Gelände überschwemmt, dann kam der Frost, und der Boden unter dem Baum war wochenlang vereist. Trotzdem kamen die Winterlinge zum Vorschein und fingen an, unter dem Eis zu blühen. Dabei sahen sie aus wie ein bezauberndes kleines, viktorianisches Sträußchen, und hätte ich ihnen einen Orden umhängen können, hätte ich es getan. Bitte, legen Sie sich unbedingt ein paar dieser berückenden Pflanzen zu. Sie könnten Ihr Geld nicht besser anlegen.

Die nächsten Blumen in meinem Korb waren die Iris. Jeder gute Gärtner weiß natürlich gleich, dass ich die *Iris stylosa* meine[2]. Aber ich denke, dass sogar einige gute Gärtner dazu neigen, diese Blume außer Acht zu lassen. Abgesehen davon, dass sie außergewöhnlich früh blüht, ist sie an und für sich so schön, dass wir sie selbst dann willkommen heißen sollten, würde sie erst im bunten Karneval des Juni in Erscheinung treten. Ihr Blau ist geradezu blendend und vertieft sich zur Mitte hin zu der Art von Blau, das man nur

2 Iris stylosa, Syn. Iris unguicularis

in alten Kirchenfenstern findet. Es gibt jedoch ein paar Dinge, die Sie wissen sollten, wenn Sie mit der Iris Erfolg haben wollen. Zunächst einmal müssen Sie wissen, dass Sie im ersten Jahr gar keine und im zweiten Jahr nur sehr wenige Blüten erwarten dürfen. Sollten Sie das vergessen, werden Sie viele Stunden damit vergeuden, mit klappernden Zähnen über blütenlosen Blätterbüscheln zu stehen und sowohl die Pflanzen als auch mich zu verfluchen. Erst im dritten Jahr werden Sie für Ihre Geduld belohnt werden. Als Zweites müssen Sie sich merken, dass die Iris sehr kargen Boden liebt und Staunässe hasst. Ein einfacher und wertvoller Hinweis für die Anpflanzung ist, etwas Schotter rund um die Wurzeln zu verteilen und sie gut festzudrücken. Das Dritte ist, dass Sie die langen Blätter nach der Blüte so bodennah wie nur möglich abschneiden müssen.

Es gibt noch zwei Punkte bezüglich des Pflückens der Blüten, die ich erwähnen sollte. Erstens sollten Sie sie immer schon im Knospenstadium pflücken. Wenn Sie sie dann ins Haus holen, werden sie sich innerhalb weniger Stunden entfalten, und zwar so schnell, dass Sie ihnen fast dabei zusehen können, wie sie ihre hübschen Blütenblätter ausbreiten, als wollten sie Ihnen für den gewährten Schutz danken. Der zweite Punkt ist der, dass Sie sie, wenn sie sich entfaltet haben, in einen möglichst kühlen Raum stellen sollten. In der Nähe eines Kamins lassen sie schnell die Köpfe hängen. Aber wenn Sie sie in die Diele stellen, in der es, wenn sie so ist wie die meisten englischen Dielen, viel kälter sein wird als draußen, halten sie sich eine gute Woche und lassen die Gesichter Ihrer besten Gartenfreunde auf sehr befriedigende Weise vor Neid erblassen.

Über das dritte Sträußchen im Korb sagte ich, es handele sich um fedrige gelbe Blüten, die wie Orchideen aussehen, und damit meine ich nichts anderes als die ganz gewöhnliche Zaubernuss oder Hamamelis. Die Sorte, die Sie sich besorgen sollten, heißt *Hamamelis mollis,* aber Zaubernuss klingt meiner Meinung nach viel hübscher. Ich denke oft, wie bedauerlich es ist, dass die meisten Frauen nicht mehr über diese entzückende Blüte wissen, obwohl viele der Cremes, die sie tagtäglich benutzen, Extrakte der Zaubernuss enthalten.

Ich muss immer an das erste Mal denken, als ich die Zaubernuss in meinem eigenen Garten blühen sah. Es war ein bitterkalter Nachmittag im späten Januar. Ich war gerade aus London gekommen, ging als Erstes zur Zaubernuss und sah im trüben Dämmerlicht, dass sie sich, ungeschützt und absolut unerschrocken, in ein Geschäume zitternder goldener Sterne verwandelt hatte. Der Anblick war so tröstlich wie der warme Schein eines erleuchteten Fensters in einer ansonsten trostlosen Landschaft.

Wenn auch Sie dieses Gefühl haben möchten, sollten Sie sich noch in dieser Saison eine Zaubernuss anschaffen, selbst wenn Sie dafür auf ein anderes Vergnügen verzichten müssen. Gute, robuste Pflanzen sind zwar nicht billig, aber falls Sie sich mehr als eine leisten können, tun Sie es bitte, weil sie anscheinend gern in Gesellschaft sind.

Betrachten wir nun das nächste Sträußchen in meinem Korb, von dem ich sagte, es bestehe aus hellen, malvenfarbenen Blüten, die nach Apfelkuchen duften. Der Name lautet *Petasites fra-*

grans, oder, was hübscher klingt, Winterheliotrop. Der Winterheliotrop gehört zur Familie der Korbblütler, und überhebliche Menschen behaupten gern, dass sie ihn verabscheuen, weil er eine schmuddelige Farbe habe. Was nur beweist, dass sie selbst einen schmuddeligen Blick haben. Diese Kritiker beklagen auch, dass er die üble Angewohnheit besitzt, sich ungezügelt auszubreiten und man ihn, wenn man ihn einmal im Garten hat, durch nichts auf der Welt wieder los wird. Ich dagegen kann mir nicht vorstellen, dass irgendjemand, der bei klarem Verstand ist, den Wunsch haben könnte, den Winterheliotrop wieder loszuwerden. Selbst wenn die Blüten nicht so schön sind wie die einiger seiner Schwestern, ist der Duft Grund genug, ihn wertzuschätzen. Jede gute Gärtnerei kann ihn liefern. Er ist absolut unempfindlich und schert sich so wenig um seine eigene Bequemlichkeit, dass Sie hingehen und sich darauf herumwälzen könnten, ohne dass er sein freundliches Naturell verliert.

In Bezug auf die nächsten Blumen, die ich erwähnte, muss ich versuchen, mich so kurz und bündig wie nur irgend möglich zu fassen. Es geht um *Chimonanthus fragrans* (neuerdings *praecox*). Aber vergessen Sie das für den Augenblick und versuchen Sie, sich nur an den Namen »Chinesische Winterblüte« zu erinnern. Allerdings muss ich meine Empfehlung für diese Pflanze gleich zu Anfang ein wenig einschränken, denn die Chinesische Winterblüte mag nicht jeden. Manche Leute laden sie in ihren Garten ein, geben ihr den bestmöglichen Standort, versorgen sie mit Flüssigdünger und überschütten sie mit Komplimenten aller Art, und sie streckt ihnen zum Dank nur die Zunge heraus – in Form von Zweigen, die mit jedem Winter kahler und brauner werden. Mich jedoch scheint die Winterblüte sehr zu mögen. Ich habe ihr einen geschützten Standort an einer Mauer gegeben, und mir streckt sie nie die Zunge heraus. Vielmehr winkt sie mir jeden Winter mit ihren langen, dünnen Fingern zu, und die sind geschmückt mit winzigen Blütenringen mit einem Herz von zartem Rosé. Trotzdem ist es, wie gesagt, eine launische Pflanze, und ich kann sie nur unter Vorbehalt empfehlen.

Über die nächsten Blüten in meinem Korb

sagte ich, sie erinnerten mich an Maiglöckchen. Sie werden auch Sie an Maiglöckchen erinnern, weil keine selbst im Frühling blühende Blume einen lieblicheren Duft besitzt. Sie heißt *Mahonia bealei oder auch Schmuck Mahonie,* ist extrem winterhart, und Sie können sie mit der absoluten Gewissheit bestellen, dass sie anfangen wird zu blühen, bevor der Januar vorbei ist. Es gibt jedoch eine wichtige Sache in Bezug auf diese Mahonie, die man bedenken muss, und zwar, dass sie Schatten liebt. Wenn Sie sie an einen vollsonnigen Standort pflanzen, werden die Blüten braun und rostig, wenn sie nach einem Frost von der Sonne beschienen werden. Dieser Hinweis gilt übrigens für eine relativ große Zahl von Winterblühern, denn eigenartigerweise ist ihr größter Feind nicht der Frost, sondern die Sonne, die auf den Frost folgt.

Die nächste Blume in meinem Korb – die Winterheide – können Sie ganz nach Belieben entweder an einen schattigen oder einen sonnigen Standort pflanzen, vorausgesetzt, der Boden ist nicht zu schwer. Es gibt eine Winterheide, die alle anderen an Farbintensität und Unerschrockenheit übertrifft, und das ist *Erica carnea*, die Schneeheide. Jeder Gärtner, der nicht zumindest ein paar dieser Pflanzen besitzt, verzichtet auf eine der größten Freuden, die ein Garten zu bieten hat. Bereits im Oktober deutet diese Heide an, was sie in den bevorstehenden kalten Monaten zu tun beabsichtigt und bildet kleine, grünlich-weiße Knospen aus, und wenn es auf den November zugeht, entdeckt man darin einen authentischen Hauch von Pink. Dieser Hauch wird schnell intensiver, bis die Glöckchen schließlich kurz nach Weihnachten in einem wunderschönen Rosa erglühen. Diese Farbe bewahren sie sich, bis der Frühling Einzug hält.

Das Letzte in meinem Korb war ein Sträußchen verschiedener Krokusse. Die meisten Menschen halten den Krokus für eine reine Frühlingsblume. Aber wenn Sie bereit sind, etwas mehr als üblich für die Knollen auszugeben, gibt es mehrere Sorten, die mit absoluter Sicherheit mitten im Winter für Sie blühen werden. Meine Zeit reicht leider nicht aus, Ihnen sämtliche Namen zu nennen, ich würde aber vorschlagen, dass Sie den ersten Versuch mit *Crocus tommas-*

sinianus starten, dem Elfen- oder Dalmatiner Krokus. Er hat eine tief violette Farbe und blüht ununterbrochen von Ende Januar bis Anfang März. Allerdings sollte man beim Pflanzen unbedingt darauf achten, ihn nicht ganz so tief zu setzen wie gewöhnliche Krokusse. Die Knollen sollten nur ganz knapp bedeckt sein.

So viel zu dem Korb, den ich mit nach London brachte. Wahrscheinlich werden die meisten von Ihnen mir beipflichten, dass es für Januar keine schlechte Ausbeute war. Aber es gibt drei weitere Pflanzen, die ich ebenfalls erwähnen möchte. Alle sind absolut winterhart und ich kann sie aus persönlicher Erfahrung empfehlen. Die erste ist *Daphne mezereum*, der Seidelbast. In jedem durchschnittlichen Winter können Sie sicher sein, dass dieser entzückende kleine Strauch, lange bevor der Februar vorbei ist, zu blühen beginnt. Er wird etwas über einen Meter hoch, und die laublosen Zweige sind überzogen von Massen blass-rosafarbener Blüten, die ebenso süß duften wie Fresien. Sie werden allerdings nur dann Erfolg bei der Daphne haben, wenn Sie dafür Sorge tragen, dass ihre Wurzeln im Schatten sind, die Blüte aber in der Sonne ist. Wenn Sie sie an eine Stelle pflanzen, wo die Sonne in den Sommermonaten auf die Wurzeln scheint, wird die Pflanze vor sich hin kümmern und im Winter keine Blüten hervorbringen.

Die zweite Blüte, die ich außer denen im Korb noch erwähnen möchte, heißt *Viburnum fragrans*, Duftschneeball. Dieser Schneeball ist ebenso hübsch wie diejenigen, die im Sommer blühen, besitzt aber den zusätzlichen Vorzug eines sehr zarten Dufts, wie der Name schon verrät. Nur müssen Sie in diesem Fall dafür sorgen, dass die Blüten nicht der vollen Sonne ausgesetzt sind, denn wenn die Sonne sie nach einem Kälteeinbruch verbrennt, färben sie sich braun und sondern zudem einen eigenartig stechenden und unangenehmen Geruch ab.

Als Letztes möchte ich noch ein kleines Alpenveilchen erwähnen, *Cyclamen coum*, das Frühlings-Alpenveilchen, das ich selbst dazu verleiten konnte, seinen Kopf durch eine Schneeschicht zu stoßen. Ich erwähne es nur zögernd, denn wenn Sie in einer gewöhnlichen Gärtnerei danach fragen, wird der Gärtner die Lippen zusammenpressen und die Augen verdrehen, als hätten Sie etwas hochgradig Kriminelles von ihm verlangt. Oder aber er kommt Ihnen mit Ausflüchten und brummt, auf Grund der aktuellen Probleme in der Türkei oder irgendeiner anderen internationalen Krise seien ihm die *Cyclamen coum* leider ausgegangen. Wenn ein Gärtner Ihnen so kommt, bleiben Sie bitte hart und wiederholen Sie »*coum, coum, coum*«. Das wird ihn so aus dem Konzept bringen, dass er tun wird, was Sie verlangen.

Ich kann nur hoffen, dass all diese Pflanzen zu Ihnen ebenso nett sein werden wie zu mir, denn dann wird Ihnen der dunkle November nicht wie der letzte, trostlose Herbstmonat vorkommen, sondern wie der erste, aufregende Monat des Frühlings.

Beverley Nichols

IV. DEN GARTEN INS HAUS TRAGEN

Die meisten Frauen werden aus dieser Überschrift die Schlussfolgerung ziehen, dass ich über eine neue Art von Fußabtreter sprechen möchte. Wahrscheinlich hat jeder männliche Gartenbesitzer zu irgendeinem Zeitpunkt von seiner Frau zu hören bekommen, dass sie zwar nichts dagegen hat, wenn er sich nützlich macht, es aber absolut überflüssig ist, den halben Garten in Form von Erde und Matsch an den Schuhen ins Wohnzimmer zu schleppen.

Ich möchte Ihnen nur eine Vorstellung davon geben, wie viel Spaß Sie an Tagen, an denen es zu kalt oder zu nass ist, um in den Garten zu gehen, unter Ihrem eigenen Dach haben können.

Bei den meisten Menschen beschränken sich die innerhäuslichen gärtnerischen Aktivitäten in den Wintermonaten auf ein paar deprimierende Abstecher auf den Dachboden oder zu irgendeinem dunklen Schrank, um nachzusehen, ob die Zwiebeln, die sie in Schalen vorziehen wollen, schon Fortschritte gemacht haben. Wenn nicht, ertränken sie sie in der panischen Angst, sie könnten tot sein, in wahren Wassermassen. Haben sie sich hingegen gut entwickelt, ertränken sie sie ebenfalls, sozusagen als Belohnung dafür, dass sie sich so wacker schlagen. Es gibt nur zwei Dinge, die Sie Ihren im Haus gehaltenen Zwiebeln nicht antun dürfen, und das Ertränken ist eins davon. Auf jede verdurstete Zwiebel kommen zwölf, die an Nässe sterben. Wenn die Erde oder das wie auch immer geartete Material rund um Ihre Zwiebeln klatschnass ist, dürfen Sie ziemlich sicher sein, dass sie sterben werden. Versuchen Sie, sie einfach nur gerade eben feucht zu halten. Das alles klingt ziemlich langweilig, aber ich muss auch die zweite Sache erwähnen, die lebenswichtig für den Erfolg Ihrer Zwiebeln ist – und das ist Luft. Ich selbst bin der Meinung, dass Luft sogar noch wichtiger ist als Dunkelheit. Manche Leute scheinen zu vergessen, dass eine Pflanze dem Menschen sehr ähnlich ist. Natürlich ist sie viel netter, attraktiver und angenehmer als ein Mensch, aber wir müssen die Ähnlichkeit eingestehen, und Luft ist für ihr Überleben ebenfalls unabdingbar.

Bevor ich die Zwiebeln verlasse und zu etwas weniger Offensichtlichem übergehe, möchte ich noch einen kleinen Tipp loswerden, der für all jene wertvoll sein könnte, die erfolglos versucht haben, Schneeglöckchen im Haus zu ziehen. Aus langer und extrem bitterer Erfahrung weiß ich, dass Schneeglöckchen nur dann zum Blühen kommen, wenn man sie, nachdem man sie aus dem dunklen Schrank geholt hat, an das kälteste Fenster stellt. Wenn möglich, stellen Sie die Pflanze irgendwohin, wo sie Frost bekommen kann. Sobald sich die Knospen gebildet haben, sollte man sie nach draußen bringen, denn das Schneeglöckchen wird in einem warmen Zimmer niemals blühen. Auf die Gefahr hin, es zu beleidigen, möchte ich es mit dem Sellerie vergleichen, der erst gut ist, wenn er Frost abbekommen hat. Das Gleiche gilt auch für die sehr schöne *Iris reticulata*, die Netzblatt-Schwertlilie, die von den meisten, die ihre Zwiebeln im Haus überwintern lassen, sträflich vernachlässigt wird.

Gleich werde ich Ihnen von ein oder zwei amüsanten Dingen erzählen, die ich selbst erfunden habe und die dabei helfen, Schnittblumen besonders vorteilhaft zu arrangieren. Aber erst möchte ich Ihnen noch ein paar kleine medizinische Hinweise zur Behandlung von Blumen in Nöten geben. Blumen leiden oft, wenn man sie ins Haus holt, und ich finde es sehr bedauerlich, dass nur die wenigsten Leute wissen, wie man ihnen Erste Hilfe leistet. Beginnen wir mit der ganz normalen Tulpe, die uns das ganze Frühjahr hindurch erfreut. Nach einem einzigen Tag in einem heißen Zimmer breiten sehr viele Tulpen ihre Blütenblätter in schierer Verzweiflung so weit aus, dass die ganze schöne Form der Blüte verloren geht. Wenn Sie verhindern wollen, dass das passiert – und ich hoffe sehr, das wollen Sie, denn das Ganze sieht für die Tulpe sehr schmerzhaft aus – brauchen Sie nur drei oder vier Esslöffel gewöhnlichen Puderzucker ins Wasser zu geben. Dann bleiben die Tulpen aufrecht stehen und bewahren die Form ihrer

Blüten. Ich nehme an, dass jeder weiß, dass man Chrysanthemen dazu bringen kann, fast doppelt so lange zu halten wie normal, indem man ein Aspirin ins Wasser wirft. Dieser Tipp ist so bekannt, dass ich mich dafür entschuldige, ihn zu erwähnen. Aber ich glaube nicht, dass vielen Leuten bewusst ist, dass man in wirklich schweren Fällen von Erschöpfung eine sehr große Zahl schlaff herabhängender Blumen wiederbeleben kann, indem man ihre Stiele in kochendes Wasser taucht. Das gilt ganz besonders für Rosen. Es klingt drastisch, aber gelegentlich ist es die einzige Lösung.

Und im Herbst sollten alle, die in Gegenden leben, wo es viele schöne gelbe Buchen- oder glänzende Eichenzweige gibt, daran denken, dass sie sich den ganzen Winter über an der Schönheit dieser Zweige erfreuen können, wenn sie sich die Mühe machen, eine gewisse Menge Rohglyzerin in das Wasser zu mischen, in das sie die Zweige stellen. Aber es muss Rohglyzerin sein. Verfeinertes Glyzerin, oder wie immer die andere Sorte genannt wird, bringt überhaupt nichts. Sie müssen ungefähr die gleiche Menge

Glyzerin und Wasser nehmen und gelegentlich etwas Wasser nachfüllen, da es natürlich verdunstet. Diese Methode, Herbstlaub für den ganzen Winter haltbar zu machen, hat nur einen Nachteil, nämlich dass das Glyzerin manchmal aus den Blättern sickert und in Form öliger Tränen auf den Tisch tropft. Sie sollten also darauf achten, die Zweige nicht auf ein besonders wertvolles Tuch zu stellen.

Für alle, die wie ich der Meinung sind, dass Blätter fast so schön sind wie Blüten, habe ich noch einen besonderen Tipp. Wenn man ganz gewöhnliche Buchenzweige schneidet, bevor sich die Knospen auch nur ansatzweise geöffnet haben, und sie dann in ein sonniges Zimmer stellt, entfalten sie sich über die nächsten zwei Monate ganz allmählich, bis sie ein einziges leuchtendes Smaragdgrün sind. Letztes Jahr brachte ich ein paar absolut kahle Zweige mit nach Hause, und fast zwei Monate lang war ich begeistert von der Schönheit, die sie entfalteten. Und wo ich gerade bei den Buchen bin, kann ich nicht anders, als das kleine Buchenwäldchen zu erwähnen, das ein Freund von mir im Haus gezüchtet hat. Er nahm eine Handvoll Bucheckern und pflanzte sie in eine gut zehn Zentimeter tiefe flache Anzuchtschale. Das war vor drei Jahren. Inzwischen besitzt er acht etwa fünfundzwanzig Zentimeter hohe Baby-Buchen, die noch nie im Freien waren und dem Ausdruck auf ihren Gesichtern nach zu urteilen anscheinend auch keine Lust haben, sich woandershin zu begeben.

Dabei fällt mir ein, dass ich eine Möglichkeit gefunden habe, die es viel leichter macht, Blumen auf natürliche Weise zu arrangieren.

Angenommen, Sie haben einen Strauß papierweißer Narzissen, die Sie in einer etwa zehn Zentimeter tiefen Schale aus grünem Glas arrangieren wollen. Dann tragen Sie die Schale einfach in den Garten, füllen sie zu etwa zwei Dritteln mit gewöhnlicher Erde, tragen sie zurück ins Haus und halten sie unter den Wasserhahn, bis die Erde gründlich durchtränkt ist und etwa zwei Zentimeter Wasser darüber stehen. Etwa eine Viertelstunde lang wird das Ganze braun und schlammig und furchtbar aussehen, aber dann setzt sich die Erde, das Wasser ist wieder relativ klar, und Sie können Ihre Narzissen einfach vorsichtig hineinstecken, und sie werden so stehen, als seien sie natürlich gewachsen. Vielleicht ist es nur meine Einbildung, aber ich könnte schwören, dass Blumen, die auf diese Weise behandelt werden, mehrere Tage länger halten als die, die einfach nur in Wasser gestellt werden. Auf jeden Fall sehen sie bedeutend schöner aus. Diese kleine Erfindung hat den zusätzlichen Vorteil, nichts zu kosten, und sie ermöglicht es Ihnen, eine Menge Schalen und Vasen zu verwenden, die bislang unbenutzt in Schränken herumstanden.

Nun ein weiterer Vorschlag, der für alle, die nur über ein begrenztes Einkommen verfügen, interessant sein könnte. Viele Menschen, die sich höchstens kleine Blumensträuße leisten können – ein halbes Dutzend Rosen, ein paar Chrysanthemen für ein paar Pennies –, wissen nicht, wie viel imposanter ihre kleinen Sträuße durch die Verwendung von Spiegeln wirken könnten. Wenn Sie eine Rose vor einen Spiegel stellen, ist das fast so gut, als hätten sie zwei Rosen – tatsächlich habe ich manchmal das Gefühl, dass es sogar besser ist, denn die Rose sieht ihr eigenes liebliches Spiegelbild und legt sich vor lauter Entzücken über die eigene Schönheit eine noch intensivere Färbung zu, als wäre sie Narziss, der sich im Teich bewundert. Aber mein Auftrag lautet, Ihnen rein praktische Hinweise zu geben, und hier ist einer. Besorgen Sie sich zwei Stücke ganz gewöhnliches Spiegelglas, etwa dreißig Zentimeter im Quadrat, und bitten Sie einen Tischler in Ihrer Nähe, sie rechtwinklig miteinander zu verbinden. Dieses Gebilde stellen Sie in irgendeine Ecke des Zimmers und platzieren Ihren Blumenstrauß davor, der so klein sein kann, wie Sie wollen. Das Ergebnis wird Sie überraschen. Der Spiegel scheint vor Farben nur so zu sprühen. Ein einziges Primelsträußchen wird zu einem ganzen Feld und wiederholt sich in endlosen Mustern. Falls Sie noch etwas zusätzliche Farbe in Ihr kleines Bild bringen wollen, stellen Sie die Blumen in ein bunt bemaltes Behältnis, beispielsweise eins der kleinen Gefäße, in denen die Italiener ihre Konfitüren verkaufen. Sie sind meistens aus gewöhnlichem Steingut und mit Blumen in den leuchtendsten Blau- und Gelbtönen bemalt.

Bei meinem nächsten Vorschlag werde ich mich möglichst kurz fassen müssen. Jedes Jahr besuche ich die Royal Horticultural Hall und sehe mir die Chrysanthemen-Ausstellung an, und jedes Mal bin ich mehr beeindruckt von den überwältigenden Fortschritten, die die Chrysanthemenzüchter bei den Sorten machen, die sich in unbeheizten Gewächshäusern halten lassen. Gleichzeitig deprimiert mich die Stagnation, die anscheinend bei den Freilandsorten vorherrscht, über die Maßen. Jedes Jahr erlebt irgendeine neue Weiterentwicklung bei den Blüten der Pflanzen für drinnen, einen zusätzlichen Schimmer, eine Intensivierung ihres Silbers, ihres Golds, ihres Rots. Währenddessen müssen die Freiland-Chrysanthemen wie ein Haufen armer Verwandter immer in denselben zerschlissenen Kleidern daherkommen, die sie schon seit vielen Jahren tragen.

Das Bedauerliche daran wird für mich verstärkt durch die Tatsache, dass es bei der Züchtung der Sorten keine großen Unterschiede gibt. Viele durchaus großartige Chrysanthemen ließen sich *fast* im Freien halten – womit ich meine, dass sie wirklich nur einen Frostschutz brauchen, keine zusätzliche Wärme.

Auf einer dieser Ausstellungen, als diese Schwierigkeit mich wieder einmal deprimierte, traf ich einen Freund, der sich auf Freiland-Chrysanthemen spezialisiert hat und mir von einer Methode erzählte, von der er schwört, dass er sie seit mehreren Jahren mit den glücklichsten Ergebnissen praktiziert.

Und zwar macht er Folgendes. Er pflanzt relativ unempfindliche Chrysanthemen unter die Fenster an der Südseite seines Hauses. Bis ungefähr Mitte Oktober behandelt er sie ganz normal, dann jedoch, wenn mit den ersten Nachtfrösten zu rechnen ist, geht er in den Schuppen und holt von dort einen etwa anderthalb Meter langen gläsernen Rahmen mit zwei verstellbaren gläsernen Klappen rechts und links. Dieses Ding schiebt er abends vor die Wand und nimmt es morgens nach dem Frühstück wieder weg. Nur wenn es extrem kalt ist, ein Sturm tobt oder es wie aus Eimern schüttet, lässt er den Rahmen den ganzen Tag an Ort und Stelle. Und er versichert mir, dass er mit diesem einfachen Hilfsmittel in der Lage ist, sich an der Schönheit vieler schöner, zarter, nur begrenzt winterharter Chrysanthemen zu erfreuen, die bis weit in den Dezember hinein durch sein Wohnzimmerfenster lugen.

Das Ganze ist natürlich nur eine glorifizierte Abänderung des Systems der Glas- oder Pflanzglocken.

Ich gehe davon aus, dass Sie alle das System der Glasglocken kennen – womit ich die kleinen gläsernen Gebilde mit den Drahtgriffen meine, die man im Garten herumtragen kann, um sie über besonders geliebte Pflanzen zu stülpen. Aber obwohl jeder von ihnen gehört hat, gibt es immer noch viele unter uns, die sie nicht benutzen. Ich weiß, dass ich eigentlich darüber sprechen sollte, den Garten ins Haus zu holen, und ich vermute, dass jeder wahre Blumenliebhaber die Gefühle teilt, die ich in stürmischen Nächten empfinde – er wird sich wünschen, er könnte die Pflanzen ins Haus holen und ihnen denselben Schutz gewähren, den er selbst genießt. Falls Sie von diesen Gewissensbissen geplagt werden, hoffe ich, dass Sie sich ein paar dieser Glasglocken zulegen werden, denn mit diesem bisschen tragbaren Glas können Sie Ihre frühen Veilchen und Primeln schützen, die in kürzester Zeit anfangen werden zu blühen, und ich bin überzeugt, dass Sie danach glücklicher und ruhiger schlafen werden. Auf jeden Fall werden Sie wissen, dass Ihre Pflanzen darunter eine gute Nacht verbringen.

COMPTON MACKENZIE

Gärtnern im Wind

Compton Mackenzie

V. GÄRTNERN IM WIND

Als Gärtner, der zu Gärtnern spricht, darf ich sicher behaupten, dass der Wind unser Erzfeind ist. Wir können Pflanzen finden, die sich in praller Sonne wohlfühlen, andere, die Schatten brauchen, wieder andere, die Kalk verabscheuen, und welche, die selbst kalkigste Böden geradezu genießen, während wieder andere unbedingt Wasser brauchen. Es gibt kaum eine Bodenbeschaffenheit, Lage oder Höhe, die nicht perfekt für die ein oder andere Pflanze geeignet wären, aber wer hätte je von einer gehört, die ohne Wind nicht leben kann? Die Gärtnereikataloge listen zwar Pflanzen auf, die gut mit Wind zurechtkommen, aber wir lassen uns davon nicht täuschen. Denn wir wissen mit absoluter Sicherheit, dass diese Pflanzen Wind zwar vertragen können, sich ohne jedoch viel besser machen würden.

Doch bietet der ewige Kampf gegen den Wind dem wahren Gärtner eine seine aufregendsten Herausforderungen. Es gibt nur wenige Leistungen, die die Moral der Menschheit mehr heben als der Sieg über den Wind. Nicht umsonst gilt der Müller seit jeher als Inbegriff des Frohsinns, denn was könnte einen Menschen mehr freuen als der Gedanke, den Wind zu seinem Sklaven gemacht zu haben? Wir werden an dieser Stelle nicht auf die herausragenden Eigenschaften von Seefahrern oder Fliegern eingehen, aber ich werde so kühn sein zu behaupten, dass Gärtner, die ihr ganzes Leben lang gegen den Wind angekämpft haben, die gärtnerische Elite sind. Nach dieser Einleitung wird es die Leser nicht überraschen, dass ich als Gärtner viele Jahre gegen den Wind gekämpft habe, und die heftigsten Schlachten wurden in den letzten sieben Jahren auf Jethou ausgetragen, einer winzigen Insel, die zu den Kanalinseln gehört.

»Welcher Wind ist für Sie der Schlimmste?«, fragen die Leute, wenn sie durch den Garten spazieren.

»Jeder«, lautet meine Antwort.

»Aber Sie scheinen hier doch so wunderbar geschützt zu sein«, stellt ein eben eingetroffener Besucher fest, der die drei Meilen über das Meer an einem absolut windstillen Sommertag zurückgelegt hat.

Und ich muss daran denken, dass der Ostwind über den Garten herfällt wie ein Rudel russischer Wölfe, dass der Nordwestwind versucht, unsere Verteidigungslinien zu durchbrechen wie ein wild gewordener Eisbär und dass der Südwind mit gewaltigen, böigen Sprüngen über die Inselhöhen gehüpft kommt wie ein gigantisches Känguru.

Aber dank eines guten, tiefgründigen Bodens, dank Bäumen, die vor Jahrhunderten von irgendeinem beherzten Optimisten gepflanzt wurden, dem man die dreifache Lebensspanne hätte gewähren müssen, damit er die Früchte seiner Wohltaten genießen könnte, dank vorgelagerter Felsen und Inselchen, die die größte Wucht des Meers brechen und unseren Garten vor dem schädlichsten Verbündeten des Windes bewahren – dem Salznebel –, und nicht zuletzt dank einer speziellen Art von Zaun, ist es uns gelungen, einen Garten zu schaffen, der üppiger ist als jeder andere Garten so nah am Meer, den ich je gesehen habe.

Der Fehler, den viele Leute machen, wenn sie es mit Wind zu tun haben, ist die Annahme, dass etwas Solides wie eine Mauer die beste Verteidigung ist. Das stimmt jedoch nur selten. Im Gegenteil macht eine Mauer die Sache oft noch schlimmer, weil der Wind die Barriere einfach überspringt und direkt dahinter nach unten rauscht und noch größere Verheerungen anrichtet. Abgesehen davon sind Steinmauern für die meisten Gärtner zu teuer. Unsere Zäune bestehen aus Latten, wie Maurer sie für Decken und Innenwände verwenden. Sie werden horizontal mit einem Abstand von etwa zweieinhalb Zentimetern an stabile Pfosten und Querstangen genagelt. Einige unserer Außenzäune sind drei Meter hoch, und die Pfosten, die die volle Wucht der Stürme abfangen müssen, werden von innen durch Streben verstärkt. An dieser Stelle könnte ich erwähnen, dass diese Streben die ideale Stütze für Spalieräpfel oder -birnen sind. Jedenfalls haben unsere Außenzäune Windstärken von siebzig bis achtzig Meilen die Stunde überstanden, wobei ich mit eigenen Augen sah, wie das ganze Gebilde sich blähte wie ein Segel. Der Vorteil unserer Zäune ist der, dass sie den Wind filtern und den Pflanzen auf der Innenseite Schutz und ein gewisses Maß an Schatten bieten, aber weder Sonne noch Luft ausschließen. Sie blockieren nicht einmal völlig die Sicht, was ein großer Vorteil ist. Sonst könnte ein Garten, der von drei Meter hohen Zäunen umgeben ist, leicht einen sehr deprimierenden Eindruck machen, ganz gleich, wie üppig es drinnen sprießt. Übrigens müssen diese Lattenzäune keineswegs absolut gerade verlaufen. Einige unserer Innenzäune wurden im Zickzack errichtet, bieten also auch seitlichen Schutz und bilden zudem heimelige Nischen. Wo wir Steinmauern vorfanden, krönten wir sie mit einer einzelnen, ein Meter zwanzig hohen Lattenreihe, die verhindert, dass der Wind die Mauer überspringt und den Garten von oben attackiert. Ich empfehle diese Latten allen, die zurzeit Spaliere verwenden, denn Spaliere sind kostspieliger und weit weniger effektiv. Als wir anfingen, die Latten zu verwenden, bekamen wir oft zu hören, sie würden nicht lange halten, aber einige unserer Zäune, die natürlich mit Holzschutzmittel behandelt wurden, stehen jetzt schon sieben Jahre und werden gut und gerne weitere sieben Jahre halten. Und dann werden die Kosten, sie zu ersetzen, relativ gering sein, während die Pfosten, an die sie genagelt wurden, sicherlich so lange leben werden wie die meisten Gärtner. Aber letztendlich müssen wir uns vor allem darauf verlassen, dass die Pflanzen selbst uns helfen.

Ich glaube, dass viele Leute die Robustheit von Pflanzen unterschätzen, sonst wären Strauchveronika und Escallonia viel häufiger in vielen windigen Gärten anzutreffen. Überall in Großbritannien, wo der Wind eher aus Westen statt aus Osten kommt, würde eine Hecke aus Strauchveronika gut genug gedeihen und sowohl nützlich als auch schön sein. Allerdings muss man auch den Frost bedenken. Aber da die Strauchveronika bemerkenswert schnellwüchsig ist und selbst die ungeschicktesten Finger kaum versagen können, wenn es darum geht, Stecklinge zu schneiden und zu ziehen, lassen sich Frostschäden schnell reparieren. Die duftende Escallonia ist da empfindlicher. Weder Strauchveronika noch Escallonia sind besonders anspruchsvoll, anders als der verabscheuenswürdige Liguster, für dessen Verwendung es absolut keine Entschuldigung gibt.

Meiner Erfahrung nach sind in westlichen Regionen die Olearia, die Gänseblümchensträucher, als Windbrecher besser geeignet als Strauchveronika oder Escallonia. Die Olearia sind ursprünglich in Neuseeland beheimatet, und bei neuseeländischen Pflanzen kann man sich immer darauf verlassen, dass sie sich gut gegen Wind behaupten. Nur eine der Olearias liefert eine Gänseblümchenblüte, die wirklich schön und einigermaßen groß ist, und diese Sorte ist, wie der Zufall es so will, teuer, selten und schwierig. Dazu noch wird sie nicht groß genug, um irgendetwas zu schützen. Sie ist jedoch eine außerordentliche attraktive Pflanze und verdient es, *Olearia insignis*[3] genannt zu werden.

3 Gänseblümchenstrauch, Baumaster (Olearia insignis, Syn. Pachystegia insignis)

Einige der Olearia überstehen die schlimmsten Stürme auf den Äußeren Hebriden, ohne dass man ihnen auch nur das Geringste anmerkt. *Olearia haastii* hat die größten Blüten unter den robusteren Sorten; aber alle Gärtner auf der Suche nach Windbrechern sollten sich lieber die vielen inzwischen neu gezüchteten Sorten ansehen und einen professionellen Gärtner zu Rate ziehen, ehe sie sich für eine Sorte für die eigene Hecke entscheiden. Alle sind schnellwüchsig, lassen sich leicht durch Stecklinge vermehren und haben keinen sonderlich hohen Nährstoffbedarf.

Nun möchte ich zwei oder drei ausgesuchte Pflanzen erwähnen, die sich meiner eigenen Erfahrung nach gut gegen den Wind behaupten, obwohl ich natürlich nicht sagen will, dass man ihnen hoffnungslos exponierte Standorte zuweisen sollte. Ein wirklich ausgezeichneter Strauch, den man nur selten in Gärten sieht und von dem ich überzeugt bin, dass er auch anderswo als in den begünstigten Gärten des Südwestens wachsen würde, ist *Lomatia ferruginea.* Mit der rostigen Unterseite der geteilten Blätter, ähnelt sie einem Farn. Sie wächst nur sehr langsam, aber da selbst die kleinsten Exemplare schön sind, spielt das keine so große Rolle. So zart geschnitten die Blätter auch sind, ist ihre Textur so robust, dass sie dem Wind genauso gut standhalten wie ein Ledermantel. Die letzte *Lomatia*, die ich gepflanzt habe, überstand minus 25 Grad Celsius ohne auch nur mit der Wimper zu zucken, und einen sehr heftigen Sturm aus Osten, ohne dass sich mehr als die Spitzen der Blätter schwarz verfärbten. Die Pflanze kommt aus Chile, das mehr schöne blühende Sträucher hervorgebracht hat als jedes andere Land in gemäßigten Breiten, aber ich weiß nicht, unter welchen natürlichen Bedingungen sie dort wächst. *Lomatia ferruginea* verleiht jedem Garten Charakter, lässt sich jedoch nur schwer vermehren und gehört von daher in den Gärtnereikatalogen zum eher teuren Segment.

Ein weiteres seltenes Gewächs, das, wie ich festgestellt habe, Wind und fünfundzwanzig Minusgraden trotzt, kommt aus Südafrika und heißt *Bowkeria triphylla* oder *verticillata.* Das Laub macht nichts Besonderes her, aber die Blüten sind außergewöhnlich. Der Form nach ähneln sie weißen Pantoffelblumen, haben aber die Textur eines Pfefferminzbonbons, das von einem Kind angelutscht wurde. Ich vermute, dass sie in gewisser Hinsicht zu den Insektenfressern gehört, denn für gewöhnlich findet man ein Dutzend kleiner Fliegen, die an den klebrigen Blüten haften. Wahrscheinlich müssen Sie eine Menge Kataloge durchsehen, um eine *Bowkeria triphylla* zu finden, aber ihr Ruf, von eher zarter Konstitution zu sein, ist meiner Erfahrung nach unverdient. Natürlich ist es eine exzentrische Pflanze, aber ich habe im Garten gerne Exzentriker um mich.

Nun zum anderen Extrem, einer Pflanze, die Sie aus jedem billigen Samenpäckchen ziehen können, und das ist die Baumlupine. Gibt man einer Baumlupine auch nur die geringste Chance, kann sie sich in ihrer Blütezeit in Sachen Schönheit mit den meisten anderen Pflanzen messen. Wenn Sie eine trockene, windige, von der prallen Sonne beschienene Böschung mit extrem kargen Boden ihr eigen nennen, sollten Sie sie mit Baumlupinen bepflanzen. Ich selbst habe eine solche

Böschung, und wenn die Lupinen in voller Blüte stehen, kann man sie noch in hundert Metern Entfernung riechen, so wie man den süßen Duft eines Bohnenfelds selbst durch den Benzin- und Auspuffgestank des Autos wahrnimmt, in dem man daran vorbeifährt. Dazu ist das leuchtend hellgrüne Laub eine Augenweide, selbst wenn keine Blüten da sind. Welche anderen Blätter bringen Tautropfen besser zur Geltung? Ein oder zwei Jahre später hat der Wind die großen Büsche noch kompakter gemacht, aber Sonne ist ein absolutes Muss, wenn Sie eine wirklich üppige Blüte wollen. Viele Leute pflanzen Baumlupinen in Rabatten, und wenn sie dann anfangen, die anderen Pflanzen zu bedrängen, bevor sie Zeit hatten, die Perfektion ihrer eigenen Schönheit zur Schau zu stellen, werden sie entweder ausgerissen oder brutal zurückgeschnitten. Die blassen, Kirchtürmen ähnelnden Baumlupinen sind einfach nicht für Rabatten gedacht.

Nun zu einer Zwiebelstaude, die, wenn sie sich gut macht, zu den schönsten Blumen in unserer kleinen grünen Welt gehört. *Dierama pulcherrimum*, der Trichterschwertel, stammt vom

Kap der Guten Hoffnung, das, nachdem wir Chile die Ehre zugestanden haben, uns die schönsten blühenden Sträucher zu schenken, auf jeden Fall den ersten Platz für schöne Zwiebelpflanzen erhalten sollte. Obwohl die *Dierama* eine Zwiebelpflanze ist, hasst sie es derart, umgesetzt zu werden, dass sie sich manchmal fünf Jahre lang weigert zu blühen, wenn sie zur falschen Zeit oder auf die falsche Weise verpflanzt wird. Das hat ihr den Ruf eingetragen, schwierig zu sein. Ein Fehler, den viele beim Pflanzen der *Dierama* machen, besteht darin, sie in den Schutz einer Mauer zu setzen, ein Standort, den sie meiner Erfahrung nach verabscheut. Sie ist wirklich eine ideale Pflanze für windige Standorte, wenn es Ihnen gelingt, sie vor Bodendürre zu bewahren. Aus einem Büschel graugrüner Blätter erhebt sich, manchmal bis zu einer Höhe von über zwei Metern, etwas, das wie eine von rosa-violetten Glöckchen herabgezogene Forellenangel aussieht. Aber diese langen, drahtigen Stängel, die so zart sind, dass sie sich unter dem Gewicht der Dutzend Blüten biegen, die nicht größer sind als Löwenmäulchen, brauchen rund um sie herum zirkulierende Luft, und ich habe noch nie erlebt, dass einer der Stängel brach, nicht einmal im heftigsten Sommersturm. Es gibt eine seltenere weiße Sorte, und eine weitere mit apfelblütenrosa Glöckchen; aber typisch ist ein rosiges Violett. Wenn Sie einen Freund dazu überreden können, Ihnen gleich nach der Blüte ein Büschel auszugraben, umso besser. Und wenn Sie ihn tatsächlich dazu bewegen können, sich von einem solchen Schatz zu trennen, lassen Sie das Büschel so, wie es ist, und verzichten Sie auf die gut gemeinte, aber fehlgeleitete Freundlichkeit, die Zwiebeln voneinander zu trennen, die so winzig sind, dass man nicht glauben kann, dass sie jemals einen so hohen Stängel hervorbringen könnte. Wenn Sie jedoch kein solches Büschel ergattern können, rate ich Ihnen, die Pflanzen aus Samen zu ziehen. Säen Sie sie in Zehn-Zentimeter-Töpfe und lassen Sie die Sämlinge in diesem Topf, bis sie ihn randvoll ausgefüllt haben. Dann zerschlagen Sie den Topf und pflanzen das Ganze ins Freie, ohne das Wurzelgeflecht zu stören. Im dritten Jahr können Sie dann mit Blüten rechnen. Meiner Erfahrung nach vertragen sie sich gut mit Zistrosen, von denen viele, nebenbei bemerkt, ebenfalls wundervoll mit Wind zurechtkommen, aber natürlich nur an von ihnen bevorzugten Standorten, wo es reichlich Sonne und keine zu starken Fröste gibt. Ich besitze einen Tweedanzug, der nach zehn Jahren, in denen ich nicht am Mittelmeer war, immer noch den würzigen Duft hält, den er auf langen Spaziergängen durch die Hügel Griechenlands und Italiens angenommen hat. Und ich hoffe, dass ich einige von Ihnen, die bisher mit *Dierama pulcherrimum* kein Glück hatten, davon überzeugen konnte, es noch einmal zu versuchen, denn zu sehen, wie diese rosigen Glöckchen sich im Wind wiegen, getragen von einem fast unsichtbaren Stängel, gehört zu den schönsten und lieblichsten Anblicken, die ein Garten bieten kann. Ich wünschte, Shakespeare hätte sie so sehen können. Vielleicht hätte er ein Gedicht über sie verfasst, das sich vergleichen ließe mit seinem immer noch unvergleichlichen:

... Anemonen,
Die, eh' die Schwalb es wagt, erscheinen
und
Des Märzes Wind' mit ihrer Schönheit
fesseln ...

MARION CRAN

Blumenkästen
Amerikanische Gärten

Marion Cran

VI. BLUMENKÄSTEN

Glockenblumen, Schlüsselblumen und Buschwindröschen säumten die Landstraßen, über die ich heute fuhr, um unsere Radioverabredung einzuhalten. Für Sie ist es leicht, diese Verabredung einzuhalten. Sie brauchen einfach nur einen Knopf oder Knauf zu drehen, und schon bin ich wie durch Zauberhand bei Ihnen, ich aber … ich muss die Landstraßen hinter mir lassen, wo die Nachtigall zurzeit so lieblich singt, und viele, viele Meilen zu den lauten Londoner Straßen zurücklegen, damit wir uns begegnen können.

Ich selbst werde zu den Blumen und zum friedlichen Leben von Kent zurückkehren. Viele von Ihnen, die Sie mir heute zuhören, können sich nicht so glücklich schätzen. Sie haben Ihr Zuhause und Ihre Arbeit in der Stadt, sonst würden Sie sich nicht für Blumenkästen interessieren. Und wenn Sie sich dafür interessieren, lieben Sie Blumen und haben es nicht nötig, sich von mir erzählen zu lassen, welchen süßen, lebendigen Charme sie besitzen, oder dass sie ein Zuhause verzaubern können und was für ein Glück es ist, sie wachsen zu sehen. Folglich werde ich mich auf das Praktische beschränken und Sie als Erstes auf die National Gardens Guild aufmerksam machen, die Ihnen gerne weiterhelfen wird. Sie ist im ganzen Land vertreten, um Amateurgärtner zu beraten, vor allem in den großen Industriestädten, wo rauchgeschwängerte Luft und verpestete Böden die Freude, Blumen großzuziehen, so behindern. Aber so schwierig es auch ist, freut es mich zu wissen, dass die Liebe zu Blumen auch dort besteht.

Sie sind also im Besitz eines Blumenkastens. Sie haben ihn zu zwei Dritteln mit guter Blumenerde gefüllt, und nun beginnt der Spaß, bei dem man sich für ein hübsches Farbkonzept zu entscheiden und ihn zu bepflanzen hat.

Gute Pflanzen für sonnige Fenster sind Geranien, Zinnien, Chrysanthemen, Männertreu,

Petunien, Margeriten, Salbei, Steinkraut, Kapuzinerkresse, Kanarienvogelblume (die an Drähten oder Schnüren hochklettert), Strand- und Gartenlevkoje, Prachtwinde und Glockenrebe – sie alle können als Jungpflanzen gekauft oder direkt im Kasten aus Samen gezogen werden.

Pflanzen für schattige Blumenkästen sind Pantoffelblumen, Hornveilchen, Pfennigkraut, Nacht-Levkojen (aus Samen), Primeln, Tabakpflanzen, Fuchsien und Begonien.

Zwiebelpflanzen sind besonders gut für den Frühling geeignet: Narzissen, Krokusse, Hyazinthen, Tulpen, Blaustern – sie alle.

Wenn man eingetopfte Pflanzen an einem Stand, in einem Blumengeschäft oder in einer Gärtnerei kauft, muss man darauf achten, dass sie eine gute Größe haben und schon ans Freie gewöhnt sind. Das zeigt sich an der dunklen Farbe der Blätter und an kurzen, kräftigen Stängeln. Wenn man sie vorsichtig einpflanzt, ohne die Erde rund um die Wurzeln zu stören, und die umgebende Erde gut angedrückt wird, damit sie fest sitzen, werden sie bald größer werden und ausgiebig blühen. Wenn man Samen benutzt, sollte man sie dünn aussäen und mit einer Erdschicht bedecken, die nicht dicker ist als die Samen selbst. Sämlinge müssen früh auf einen Abstand von 10 bis 20 Zentimetern ausgedünnt werden. Zu allen Jahreszeiten sollten sie häufig gegossen werden. Am besten ist es, sie zwei- bis dreimal die Woche durchdringend zu wässern, wenn das nicht möglich ist, muss jeden Tag ein wenig gegossen werden.

Die Erdmenge in einem Kasten ist im Vergleich zur Bevölkerung, die sie ernähren muss, so gering, dass größtmögliche Sorgfalt darauf verwandt werden muss, dass die Pflanzen weder verhungern noch an Wassermangel sterben. Blumenkästen, die nach Süden ausgerichtet sind, verlangen besondere Pflege, denn Hitze bewirkt eine schnelle Verdunstung des Wassers, nicht nur an der Oberfläche, sondern auch an der Vorderseite des Kastens. Der Abend ist die beste Zeit zum Gießen, und man muss darauf achten, dass man genügend Wasser gibt, um die Erde komplett zu durchtränken.

Mit dem Düngen fängt man an, sobald die Sämlinge 10 bis 12 Zentimeter hoch sind. »Wenig, aber oft« ist eine gute Maxime. Der Dünger muss gut ausgewogen sein und jedes Element enthalten, das für das Wachstum und die Blütenbildung wichtig ist. Einmal die Woche ein Teelöffel voll, den man über die Oberfläche verteilt, ist zu Beginn ausreichend. Später kann die Dosis verdoppelt und zweimal die Woche gegeben werden (immer dann, wenn der Boden feucht ist. Anschließend sofort nachwässern.)

Die Pflanzen im Sommer abends zu besprühen wird dankbar von ihnen angenommen, denn Pflanzen lieben das kühlende Wasser. Und nun viel Glück mit dem Fenster-Garten.

Marion Cran

VII. AMERIKANISCHE GÄRTEN

Ich kann Ihnen nur wünschen, dass Sie niemals einem Mitchell begegnen. Sie bringen einen dazu, so furchtbar weit zu reisen …

Mein Mitchell ist ein junger Amerikaner, der oft nach Kent kommt und mir Bücher leiht. Eins hieß *Raven* und erzählte die seltsame, heroische Geschichte eines gewissen Sam Houston, Soldat, Liebhaber, Staatsmann und Träumer, der die ganze Geschichte des Staates Texas beeinflusste und dazu beitrug, dass dieser Teil Amerikas von einer Art Glorienschein umgeben ist, eben wegen der Persönlichkeit des merkwürdigen, attraktiven Mannes, der ihn für das Sternenbanner gewann. Dann lieh Mitchell mir ein Buch mit dem Titel *Father Mississippi*, das in mir die schreckliche Sehnsucht weckte, diesen breiten, schlammigen, turbulenten Fluss zu sehen, die hohen, grasbewachsenen, *levees* genannten Böschungen zu beschreiten, mit denen sie versuchen, ihn in Schranken zu halten, und die alten Plantagen kennenzulernen, die Mark Twain und Edna Ferbers *Showboat*, vor allem in der Musical-Fassung, so unauslöschlich in unserer Phantasie verankert haben.

Hin und wieder saß Mitchell in meinem Garten und erzählte von etwas, das sich »Hartriegel« nannte, und von einem Ort in Kalifornien, wo es eine Straße gab, die auf einer Strecke von sieben Meilen mit roten Rosen bewachsen war, und von der Kirschblüte in Washington, D. C. – und auf seinem jungen Gesicht zeichnete sich die Sehnsucht ab, wieder in seinem eigenen Land zu sein und seinen blumenliebenden englischen Freunden diese Wunder zu zeigen.

Worte sind etwas Schreckliches. Sie können einen zu den unmöglichsten Abenteuern aufstacheln. Ich merkte, dass ich allmählich unruhig wurde und das Gefühl, dass Amerika viele unvermutete Schönheiten bereithielt, immer stärker wurde … Dann kamen die Delegierten des

Garden Club of America nach England, um sich unsere englischen Gärten anzusehen, und das gab den Ausschlag. Denn ihre Begeisterung war unglaublich ansteckend und ihre Pflanzenkenntnisse waren für uns, denen kaum bewusst gewesen war, dass es in Amerika so etwas wie Gärten überhaupt *gab*, eine große Freude.

Sie liebten unsere Glockenblumenwälder und die blühenden Hecken, die unsere Landstraßen säumen, und waren hingerissen von den Gärten herrschaftlicher Anwesen mit ihren alten Eiben- und Buchshecken. Sie wurden immer vertrauter mit unseren Blumen und bezauberten uns mit ihrer unbekümmerten Art.

Hin und wieder jedoch sagte der eine oder andere: »Gibt es hier denn keinen Hartriegel?« Oder: »Ist der Hartriegel hier noch nicht so weit?«

Sie schienen etwas zu vermissen, was für sie unverzichtbar zum Frühling gehörte. Und dieser Hartriegel fing an, uns zu interessieren. »Wie sieht er denn aus?«, fragten wir. Sie blickten verträumt und vage, als hätten sie ganz in der Ferne etwas Heiliges gesehen, und sagten: »Er wächst in den Wäldern«, oder: »Er ist weiß, manchmal auch rosa.« Das sagte uns nicht das Geringste. Und ich bekam zunehmend das Gefühl, diesen Hartriegel sehen zu müssen, um zu verstehen, was das ganze Getue sollte, und den Leuten hier erzählen zu können, was er eigentlich ist.

Kurz darauf lieh Mitchell mir ein weiteres seiner attraktiven Bücher, dieses Mal über New Orleans, und fing an, von einem wundervollen, geheimnisvollen »Magnolien«-Garten zu erzählen.

Der Teufel soll ihn holen! Er weckte neue Bedürfnisse in mir, die ich doch eigentlich nur friedlich meine Narzissenzwiebeln stecken wollte … machte mich verrückt mit Gerede von einem mächtigen, breiten Fluss, von einer Straßen, an der meilenweit Rosen wuchsen – sieben Meilen, rechts und links von Rosen gesäumt.

Ich konnte sie mir vorstellen, konnte mir vorstellen, wie sie in der hellen Sonne warm leuchteten. Und ihr Duft – es musste eine Straße für eine Königin sein! Sogar in meinen Träumen ließen diese Rosen mir keine Ruhe. Ich fing an, den jungen Mitchell mit seinen Magnolien und die

Gartendelegierten mit ihrem Hartriegel zu verfluchen.

Schließlich aber musste ich mich meiner inneren Unruhe stellen und etwas gegen dieses Blumenfieber unternehmen. Inzwischen habe ich alles gesehen, und mehr, als ich mir je hätte träumen lassen – denn es gibt in den Staaten nicht nur ausnehmend schöne Gärten, sondern auch die wundervollsten Wildblumen, mit denen ich überhaupt nicht gerechnet hatte.

In den Senken der kalifornischen Hügel liegen große blaue Schatten. Man steht inmitten wilder Stiefmütterchen und Mormonentulpen auf einem Hügel und betrachtet die blauen Schatten auf dem gegenüberliegenden Hang und erkennt erst, wenn man dort angelangt ist, dass es sich keineswegs um Wolkenschatten handelt, sondern um endlose Weiten wilder blauer Lupinen! In den Tälern der Hügelausläufer wachsen Unmengen goldener Blumen, deren wissenschaftlicher Name schier unaussprechlich *Eschscholzia californica* lautet, bei ihnen aber »kalifornischer Mohn« heißt, auch Gold- oder Kappenmohn genannt.

Früher war ich manchmal ein bisschen ungehalten, weil dieser kalifornische Mohn sich überall in meinem englischen Garten ausbreitete, als gehöre er ihm allein. Ich glaube, ich fing sogar an, ihn für eine Plage zu halten. Jetzt jedoch werde ich nie genug davon haben können, denn ich habe gesehen, wie er sich glücklich und frei in großen, goldenen Teppichen über die Hügel des Westens breitete.

Ceanothus, die Säckelblume, mit ihren hübschen blauen Puderquasten, die im Süden Englands vor warme Südmauern gepflanzt wird, wächst wild auf den Bergen der Pazifikküste. Es ist nicht leicht, die Wirkung dieser grau-blauen Farbmassen zu beschreiben. Manchmal sehen sie aus wie der Rauch eines Holzfeuers, der über die zerklüfteten Hänge treibt, dann wieder sind sie von einem absolut reinen, schieren Blau.

Es gibt in Kalifornien eine große Sortenvielfalt wild wachsender Säckelblumen. Die üblichste ist *Ceanothus thyrsiflorus* var. *repens*, die kriechende Säckelblume, auch amerikanischer oder kalifornischer Flieder genannt. Sie wächst absolut ungezügelt und hat eine sehr lange Blütezeit, ähnlich wie die hübsche Hybridform, die wir am besten kennen, die »Gloire de Versailles«. Es war eigenartig, *Ceanothus papillosus* wild wachsen zu sehen; ich hatte diesen bezaubernden Strauch mit dem lieblichen, aromatischen Duft immer für eine reine Gartenpflanze gehalten, die gerne an Mauern hochklettert. Stellen Sie sich also vor, wie überraschend es war, dass sie hier absolut spalierlos (und natürlich unbeschnitten) als dichter eigenständiger Dschungel ganze Hänge vereinnahmte – ein einziges, ununterbrochenes Blau.

Die Wildblumen hätten eigentlich ein eigenes Kapitel verdient. Während ich ihre bislang unvorstellbare Schönheit entdeckte, entstand in mir der Wunsch, all meine englischen Gartenfreunde über den Ozean zu locken, damit sie das Glück jeder neu entdeckten Schönheit mit mir teilen könnten. Zum Beispiel die Spinnenlilien, die in den dunklen Sümpfen Louisianas weiß schimmerten, oder die Wüstenlilien, *Hesperocallis undulata*, die kräftig, aufrecht und duftend über dem glühenden Sand der Wüste von Indio in Kalifornien schweben, wo sie ohne auch nur den kleinsten Hauch von Schatten aus der nackten Erde wachsen. Und überall findet man die bewundernswerte Sand-Verbene in amethystfarbenen Schwaden. Sie können sich sicher vorstellen, wie diese unter einem violetten und rosafarbenen Himmel leuchten, wenn der Sonnenuntergang über der Wüste Einzug hält.

Bevor ich mich total in den Wildpflanzen verliere, will ich endlich von den Gärten berichten, deren Erschaffer uns einander näherbringen als jeder Völkerbund es vermag.

Jedes Mal, wenn ich einen Garten betrete, habe ich das Gefühl, nach Hause zu kommen. Egal um welches Land, welche Klimazone es sich handelt, wir sprechen alle eine gemeinsame Sprache. Die ewigen Prozesse der Erde verbinden uns, und zwar stärker, als Bündnisse und Allianzen uns je binden können.

Als eine hübsche Frau in San Francisco sich über ihre seltene gestreifte Agave beugte und mit kummervoller Stimme sagte: »Sie hat nur ein einziges Baby hervorgebracht!«, empfand ich, wie wohl jeder andere Gärtner auch, tiefstes Mitgefühl wegen dieser niedrigen Geburtenrate.

Ich wusste genau, wie die dunkelhaarige Dame sich fühlte, die mit lehmverschmierten Händen und mit ungehalten gerunzelter Stirn aus dem Wald kam, weil ich sie beim Pflanzen gestört hatte. Als sie jedoch erfuhr, wie viele tausend Meilen diese Besucherin aus reiner Blumenliebe zurückgelegt hatte, verzogen sich ihre Lippen zu einem lächelnden Willkommensgruß. Sie ließ Pflanzschaufel und Setzlinge liegen, um mich kreuz und quer über zweiundzwanzig Morgen unebenen Hügelgeländes zu führen, wo es vier Jahre zuvor nicht einmal einen Wildwechsel oder einen Trampelpfad gegeben hatte. Sie und ihr Mann haben dort ein Paradies aus Rosen, Fuchsien, Kamelien, Mimosen, Seidelbast, Barberton-Gerberas, Orangen, Zitronen und Rhododendren geschaffen. Ihr Garten über dem Tal von Santa Clara blickt auf elf Millionen Pflaumenbäume hinab, die zur Blütezeit aussehen wie endlose Schneeflächen … Jeder wahre Gärtner hätte auch genau gewusst, was Mrs Oakleigh Thorne meinte, als sie mich in Santa Barbara zwischen ihren wunderschönen Blumen herumführte und plötzlich von Schüchternheit überwältigt wurde. »Sie in England haben so wundervolle Blumen«, sagte sie. »Wir hier stehen gerade erst am Anfang!« Aber dann setzte sie ebenso plötzlich trotzig hinzu: »Aber wie auch immer, mir bedeutet mein Garten dennoch alles.« Seitdem ist ihr berühmter und schöner Garten in meiner Erinnerung für immer mit diesem Satz verbunden.

Ich bereiste die Straße der roten Rosen bei Riverside – sieben Meilen, genau wie ich es erzählt bekommen hatte. Die Rosen wachsen vor Palmen, und weite Orangenhaine erstrecken sich zu beiden Seiten der Straße. Der Duft der Orangenblüten weht schwer und üppig herüber und vermischt sich mit dem süßen Rosenduft. Ich wünschte, jede Straße, über die müde menschliche Füße wandeln müssen, wäre so angenehm zu begehen wie Mitchells Straße der Rosen.

Die Dattelgärten Kaliforniens unterscheiden sich von allem, was Sie sich vielleicht vorgestellt haben. Die Blüte ist ein Schaft aus geschnitztem Elfenbein, die Früchte wirken wie rosa- und bernsteinfarbene Juwelen, wenn die tief einfallenden Strahlen der Sonne bei ihrem Auf- und Untergang unter den grünen Palmen hindurchscheinen. Grapefruit-Haine umgeben die Dattelgärten, und die blassgoldenen Kugeln der Früchte hängen dort wie Lampions.

In den südlichen Staaten, wo sich die traurigen, verlorenen Gärten nie vom grausamen Bürgerkrieg zwischen Norden und Süden erholt haben – dort unten, in Süd-Carolina, fand ich den schönsten Garten, den ich je gesehen habe – und ich habe wirklich sehr viele gesehen. Er wurde vor langer Zeit von jemandem geschaffen, der ein Poet gewesen sein muss … Ich hatte vorher gar nicht gewusst, dass es so etwas wie den »Magnolien«-Garten in Charleston überhaupt gibt. Man sollte ihn so sehen, wie ich ihn sah – in seiner perfektesten Stunde – am späten Nachmittag eines Tages Anfang April.

In der ganzen Schönheit des Frühlings in Virginia fand ich auch den Hartriegel! Es gab viele alte Gärten mit riesigen Hecken und buchsgesäumten Wegen – vor dreihundert Jahren von den Pionieren aus England mitgebracht. Und die Wälder und Gärten waren, dem Hartriegel sei Dank, eine einzige schimmernde weiße Cremespeise. Die Blüten des Hartriegels erscheinen vor den Blättern und liegen wie große, flache Untertassen an den Zweigen, dicht an dicht, jede Blüte etwa so groß wie eine Christrose, so dass die Bäume in der Dunkelheit der Wälder zu schweben scheinen wie die schimmernden weißen Flügel irgendeines ätherischen Wesens …

VITA SACKVILLE-WEST

Das Beet fürs nächste Jahr
Hecken und Gartenplanung
Blühende Sträucher
Einjährige

Vita Sackville-West

VIII. DAS BEET FÜRS NÄCHSTE JAHR

Falls es stimmt, dass die Vorfreude mit das Schönste am Gärtnern ist, muss die Planung der Beete und Rabatten des nächsten Jahres eine der angenehmsten Beschäftigungen im Jahr des Gärtners sein. Und das müsste den Oktober und den November zu besonders erfreulichen Monaten machen, denn dann können wir anfangen, unsere Beete abzuräumen, die ganzen durchweichten und unansehnlich gewordenen Stängel abzuschneiden und Pflanzen auszugraben, zu teilen und an andere Standorte zu versetzen, wo sie noch besser zur Geltung kommen werden. Nicht-Gärtner sagen gern, dass die kahlen Winterbeete uninteressant sind; Gärtner wissen es besser und können sich sogar an der Ordnung der frisch umgegrabenen, nackten braunen Erde erfreuen.

Ich möchte vom rein praktischen Standpunkt darüber schreiben, wie man das diesjährige Beet behandelt und das fürs nächste Jahr plant. Dabei habe ich Menschen im Sinn, die Gärten von einer Größe besitzen, die sie – ob mit oder ohne Hilfe – selbst bearbeiten können.

Als Erstes muss der ganze alte Plunder entfernt werden. Damit meine ich die toten und sterbenden Überreste der Stauden – Sie wissen selbst, in was für ein fürchterliches Gematsche sich die Bergastern inzwischen verwandelt haben –, und natürlich die abgestorbenen Einjährigen, die ausgerissen und weggeschafft werden müssen. Vielleicht stellen Sie dabei fest, dass sie sich selbst ausgesät haben und Hunderte kleiner Sämlinge zum Vorschein gekommen sind – kalifornischer Mohn, Jungfer im Grünen, Sommerazalee und Hornveilchen sind in dieser Hinsicht besonders großzügig. Reißen Sie diese Sämlinge auf keinen Fall alle aus; im nächsten Jahr liefern sie Ihnen viel robustere Jungpflanzen, die dazu noch früher dran sein werden als die, die sie erst im April oder Mai säen. Lassen Sie sie also überall dort stehen, wo Sie sie haben wollen, aber Sie müssen sie ausdünnen. Wenn nicht, werden die Jungpflanzen lang und dünn und schwächlich, statt buschig und horstig, wie es sich für gut entwickelte Einjährige gehört.

Die Stauden müssen Sie bodennah zurückschneiden. Falls Sie sie noch nicht gekennzeichnet haben, sollten Sie es jetzt sofort tun, solange Sie sie noch erkennen können. Sonst fällt es Ihnen später, wenn Sie Ihr Beet anders arrangieren wollen, vielleicht schwer, zwischen dem Stumpf eines Rittersporns und dem einer Lupine zu unterscheiden.

Ich stelle mir vor, dass Sie nun vor einem Beet stehen, auf dem es nichts Welkes und Abgestorbenes und keine Unkräuter mehr gibt, das aber noch nicht umgebrochen oder umgegraben wurde. Beides können Sie sich bis ganz zum Schluss aufsparen, denn sicher möchten Sie die ein oder andere Änderung an Ihrer Bepflanzung vornehmen, und ebenso sicher wollen Sie nicht über frisch umgegrabene Erde trampeln, während Sie um- oder neu pflanzen.

Echte Gärtner haben immer den Wunsch, ihre Bepflanzung zu verändern und zu verbessern.

Die ideale Vorgehensweise besteht darin, sich den ganzen Sommer über Notizen zu machen. Notizen sind von großer Bedeutung, denn nichts gerät schneller in Vergessenheit als gärtnerische Vorsätze. Im Juni haben Sie vielleicht gedacht: »Genau hier hätte ich gerne Massen von Blau.« Im Oktober haben Sie natürlich vergessen, wo genau diese Massen von Blau hinsollten. Aber egal ob vergesslich oder nicht, Sie werden Ihr Beet ganz bestimmt verändern wollen, damit es im nächsten Jahr noch schöner aussieht.

Es gibt mehrere Grundregeln, die man bei der Anlage eines Staudenbeets oder einer Rabatte beachten muss. Die erste lautet, sich nicht an irgendwelche Regeln zu halten. Anders ausgedrückt: Haben Sie keine Angst davor, echte Stauden mit Zwiebelpflanzen und Einjährigen zu mischen. Lassen Sie sich nicht von dem Begriff »Stauden« hypnotisieren. Ich selbst spreche sowieso lieber von Blumenbeeten. Beim Gärtnern heiligt der Zweck die Mittel, und Sie wollen nun einmal von Mai bis Oktober so viel Farbe wie nur möglich in Ihrem Garten haben. Wenn Zwiebelpflanzen und Einjährige Ihnen dabei helfen können, umso besser. Was macht es schon, dass sie strenggenommen keine Stauden sind? Es macht überhaupt nichts, solange sie ihren Zweck erfüllen. Von daher: Pflanzen Sie Tulpen ganz vorne in Ihr Beet, wenn Sie das möchten, und dazu das wundervolle Windröschen St. Bavo, und füllen Sie die leeren Stellen, die diese Frühblüher hinterlassen, indem Sie Einjährige säen, die den Sommer über ihren Platz einnehmen.

Die zweite Regel lautet: Seien Sie beim Pflanzen nicht knauserig. Meiner Erfahrung nach pflanzt man, egal was, nie in ausreichend großen Gruppen, nicht einmal, wenn man es selbst macht, und es ist nahezu unmöglich, einen professionellen Gärtner dazu zu bringen. Angenommen, Sie haben sechs Pflanzen einer bestimmten Sorte. Dann ist es besser, sie alle zusammen zu setzen, statt je drei an zwei verschiedene Stellen. Das Gleiche gilt für Zwiebeln. Zwölf Tulpen an einer Stelle machen sich doppelt so gut wie sechs Tulpen an zwei verschiedenen Stellen. Setzen Sie all Ihre Rittersporne zusammen; setzen Sie Ihre Stockrosen zusammen; und mit der Katzenminze und den Nelken verfahren Sie genauso.

(Ich wünschte nur, ich würde mich selbst immer an das halten, was ich predige. Ich bedaure es jedes Mal, wenn ich es nicht tue.)

Und dies (wir schreiben Oktober oder November) ist der Augenblick für Experimente. Sie können alles aus ihrem Beet herausholen und woandershin setzen. Ich bin sicher, wenn Sie versuchen, egal was in größere Gruppen zu pflanzen, werden Sie nächstes Jahr mit dem Ergebnis sehr zufrieden sein.

Die dritte Regel lautet: Achten Sie auf Höhen. Aber auch hier ist es besser, sich nicht zu strikt an vorgefasste Meinungen zu halten. Natürlich pflanzt man alles Hohe eher nach hinten und niedrigere Sachen nach vorn. Aber es ist keine schlechte Idee, dieses System gelegentlich zu variieren und den Mut zu haben, auch einmal etwas Hohes nach vorn zu holen, um die Monotonie zu durchbrechen und vielleicht gleichzeitig eine Art Trennung zwischen zwei Farbgruppen herzustellen. Dafür eignen sich die grauen Pflanzen besonders gut, was mich zur vierten Regel führt: Achten Sie auf Farben. Wir können nicht alle ausgetüftelte Farbschemata in unseren Beeten haben, aber wir können uns zumindest an gewisse Leitlinien halten. Ich persönlich finde, dass man die kräftigen, grellen Rot- und Orangetöne besser ganz aus einem gemischten Beet herauslassen und irgendwo anders gesondert pflanzen sollte. Ich finde auch, dass Pflanzen mit grauem Laub unbezahlbar sind, nicht nur als Trenner zwischen verschiedenen Farben, wie ich eben schon sagte, sondern auch als Kontrast zu Rosa, Blau und Violett. Mit grauen Pflanzen meine ich Graues Heiligenkraut, Edelraute, diverse Artemisia-Arten wie Beifuß, Wermut und Stabwurz, und jene sehr nützliche, verlässliche, schnellwüchsige und sich schnell ausbreitende Pflanze, deren botanischer Name *Stachys lanata* lautet, die ich aber lieber Woll-Ziest, und noch lieber Esels- oder Hasenohr nenne. *Gypsophila paniculata*, das Hohe Schleierkraut, ist ein weiterer wundervoller Kontrast zu grelleren Farben, und eine einzige Pflanze kann sich zu einem Büschel von einem guten Meter Breite und Höhe auswachsen. Außerdem sehe ich keinen Grund dafür, nicht auch den ganz gewöhnlichen Lavendel in die Rabatte zu pflanzen, sei es die hohe englische Sorte, die gedrungenere französische Variante oder auch den weißen Lavendel, der lange nicht so oft verwendet wird, wie er sollte.

Ich würde sogar noch weiter gehen und ein paar rein grüne Sachen pflanzen – Rosmarin zum Beispiel. Es mag unorthodox sein, Rosmarin in eine Rabatte zu pflanzen, aber warum sollten wir uns an orthodoxe Regeln halten, wenn es uns doch nur um die Wirkung geht, die wir erzielen möchten, so als würden wir ein Bild malen.

Nebenbei bemerkt ist der beste Ratgeber, den ich kenne, ein Buch von Gertrud Jekyll mit dem Titel *Pflanzenbilder aus meinen Gärten*.[4]

Ich würde auch nicht zögern, die ein oder andere Rose in mein Beet zu setzen. Nicht die Teehybriden oder die Remontant-Rosen, weil ich zum einen finde, dass sie sich nicht gut einfügen, und sie zum anderen ohne ein Maximum an Licht und Luft nicht wirklich gedeihen würden. Aber ich würde auf jeden Fall ein paar der altmodischen Sorten pflanzen, beispielsweise die

4 *Pflanzenbilder aus meinen Gärten. Über englische Gartengestaltung*. Ulmer, Stuttgart 1988

Moosrose, die Kohlrose, die sehr schöne Essigrose *Rosa gallica* ›Tuscany‹, oder die gestreifte Damaszenerrose ›York and Lancaster‹. Sie alle sind wuchsfreudig, nehmen eine Menge Raum ein und verlangen nur sehr wenig Aufmerksamkeit. Außerdem sind sie extrem nützlich, um die Mitte des Beets zu füllen. Noch vor ein paar Jahren war es relativ schwierig, diese Rosen zu bekommen, aber inzwischen ist ihre Beliebtheit zum Glück wieder gestiegen und sie werden von vielen Gärtnereien geführt.

Es gibt noch vieles andere, was man in sein Beet setzen kann, auch wenn es sich nicht wirklich um Stauden handelt. Zum Beispiel könnten Sie ganz hinten eine Clematis entweder an einer eigenen Stütze nach oben ziehen, oder Sie leiten sie nach vorn, beispielsweise über eine Pfingstrose oder über Büschel von Lupinen, die beide im Frühsommer blühen und zu dem Zeitpunkt, an dem die Clematis bereit ist, sie mit ihren großen, sternförmigen Blüten zu überziehen, uninteressant geworden sind. Ich habe auch schon gesehen, dass Wicken oder Kapuzinerkressen auf diese Weise verwendet wurden. Mut und

Einfallsreichtum sind bei der Gestaltung eines Beets von großer Bedeutung.

Dann gibt es noch diverse Tricks, mit denen Sie die Wirkung Ihrer Blumen steigern können. Die Methode, beispielsweise Clematis oder Wicken über Pflanzen zu drapieren, deren Blütezeit bereits vorbei ist, ist nur einer dieser Tricks. Ein weiteres sehr gutes Mittel, um kahle Stellen zu kaschieren, besteht darin, einige der längeren Triebe mancher Pflanzen, bei denen nur die wenigsten Gärtner auf die Idee kommen würden, sie so zu behandeln, abzusenken. Wenn Sie beispielsweise das Große Löwenmaul nach unten biegen und mit einem gegabelten Stock festpflocken, werden Sie feststellen, dass es auf der ganzen Länge austreibt und bald eine viel größere Fläche abdeckt, als Sie für möglich gehalten hätten. Es lohnt sich, auf diese Weise mit vielen anderen Pflanzen zu experimentieren, beispielsweise den höheren Astern, Sonnenkraut oder Sonnenhut. Dies ist allerdings ein Hinweis für den Sommer und hat nichts mit der Herbstarbeit zu tun, aber es wäre vielleicht gut, es im Kopf zu behalten, wenn Sie im Oktober und November an ihre künftigen Pflanzvorhaben denken.

Das Letzte, was jetzt noch zu tun bleibt, ist, das Beet umzubrechen und die oberste Erdschicht zu lockern, damit im Winter ein Maximum an Luft und Kälte an die Erde herankommt. Wenn Ihr Beet von Anfang an ordentlich angelegt wurde, das heißt, es wurde genügend Mist oder Lauberde in den Boden eingearbeitet, besteht keine Notwendigkeit nachzubessern, es sei denn, Ihnen fällt auf, dass der Boden einen bedürftigen Eindruck macht. Allerdings ist es eine gute Idee, hungrige Pflanzen wie Rosen, Phlox oder Pfingstrosen mit ein paar Gabeln Stallmist oder Lauberde zu mulchen, und über den Rittersporn sollten sie etwas Holzasche häufeln, da das nicht nur die jungen Triebe vor Spätfrösten schützt, sondern auch die gefräßige Schnecke abhält. Die Asche eines Gartenfeuers, die fast immer eine gewisse Menge verbrannter Erde enthält, ist für diesen Zweck ebenfalls ausgezeichnet geeignet. Falls Sie Iris in Ihrem Beet haben, würde ich Ihnen raten, den Mist so weit wie möglich von ihnen fernzuhalten, weil sie sonst eher Blätter als Blüten schieben werden. Andererseits werden die Iris Sie reich belohnen, wenn Sie ihnen etwas Kalk oder ein paar alte Mörtelbrocken zukommen lassen. Und noch einmal: Es ist vielleicht nicht sehr orthodox, Iris in einem Staudenbeet zu haben, aber es gibt so vieles, was für sie spricht: Sie vermehren sich so schnell, sie sind unbezahlbar, wenn es darum geht, schon früh Farbe im Beet zu haben, und wenn sie ausgeblüht haben, wirken ihre graugrünen Blätter im Bunt der Hochsommerblumen angenehm erholsam.

Vita Sackville-West

IX. HECKEN UND GARTENPLANUNG

Es ist erstaunlich, dass man selbst den kleinsten Garten durch sorgfältige Planung und Gestaltung verbessern und doppelt so groß aussehen lassen kann, als er in Wirklichkeit ist. In diesem Zusammenhang möchte ich vor allem über Hecken sprechen – welche Sorten man wann und wohin pflanzen sollte. Es ist möglich, einen kleinen Garten auf eine Weise aufzuteilen, dass sich gesonderte Bereiche ergeben, in denen ganz spezielle Pflanzenarrangements Platz finden können, und dazu Ausblicke zu schaffen, die die Illusion bewirken, eine viel längere Sichtachse zu haben, als es tatsächlich der Fall ist. Für beides sind Hecken unabdingbar, und sie zu pflanzen muss weder so langwierig noch so teuer sein, wie allgemein angenommen wird.

Ich glaube fest an den Wert von Symmetrie im Garten. Nichts wird mich je von der Überzeugung abbringen, dass gerade, entschlossene Linien keine effektivere Grundlage für die Gartenplanung sind als schwächliche, wabernde Kurven und Schlenker. Damit meine ich nicht, dass die harte, gerade Linie nie von einem überhängenden Strauch oder einer verirrten Pflanze durchbrochen werden darf. Zu strenge Formalität ist fast ebenso abstoßend wie ihr totales Fehlen. Aber der Plan muss da sein, das Gerüst. Sobald Sie diesen Plan haben, können Sie Ihren Pflanzen die Freiheit lassen, ihren natürlichen Neigungen zu folgen. Sobald Sie eine klare, feste Vorstellung haben, definiert durch Wege und Hecken, so dass das Ganze wie eine architektonische Zeichnung aussieht, sind Sie auf der sicheren Seite und können Ihre Pflanzen machen lassen, was sie wollen. Aber der Plan muss da sein, als Fundament.

Damit meine ich, dass ich gerade, von geraden, ordentlichen Hecken gesäumte Wege liebe, und die Unterteilungen des Gartens sollten aus ebenso geraden und ordentlichen Hecken bestehen. Ich mag es, wenn ein Garten, ganz gleich wie klein er ist, Geheimnisse hat *und* eine gewisse Strenge. Ich stehe gern in der Tür und blicke die ganze Länge des Gartens entlang, ohne genau zu wissen, auf was für kleine, abgeschiedene Bereiche rechts oder links ich stoßen werde, wenn ich den Weg entlanggehe – vielleicht auf einen kleinen Kräutergarten oder einen Iris- oder Rosengarten. Diese Wirkung, die ein Maximum an Perspektive und gleichzeitig ein Maximum an Intimität liefert, hängt zwangsläufig von sorgfältiger Planung ab, und diese sorgfältige Planung muss sich zwangsläufig auf die sorgsam durchdachte Anlage von Abgrenzungen stützen – anders gesagt, auf Hecken der ein oder anderen Art.

Wenn man sich an diese Prinzipien hält, kann man, wie ich glaube, die drei Hauptziele einer zufriedenstellenden Gartenplanung erreichen: Schlichtheit, Symmetrie und Überraschung.

Die Schlichtheit erreichen Sie durch das absolute Fehlen jedweden Schnickschnacks in Ihrem Garten. Die Symmetrie dadurch, dass Sie alles nett und ordentlich ausbalanciert haben, was den zusätzlichen Vorteil bringt, dass Ihr Garten geräumiger erscheinen wird, als er es in Wirklichkeit ist. Die Überraschung erreichen Sie durch die Tatsache, dass Sie in der Lage sind, Ihren Garten in kleine, abgeschiedene Bereiche aufzuteilen, die entweder einer bestimmten Jahreszeit gewidmet sind, oder, wenn Ihnen das lieber ist, einer bestimmten Pflanze. Diese Ziele und Prinzipien kann man allerdings nur erreichen, wenn man mit einen konkreten Plan anfängt und nicht, indem man seinen Garten einfach auf gut Glück und nach Gutdünken bepflanzt.

Hecken sollen also unsere Abgrenzungen liefern, unsere Demarkationslinien. Und welche Hecken sollen wir pflanzen?

Zwei Faktoren müssen dabei in Betracht gezogen werden: Kosten und Wuchsgeschwindigkeit. Natürlich möchte jeder, dass seine Hecke schnell wächst und so wenig wie möglich kostet. Diese sparsame und ungeduldige Mehrheit, die die schnellste Wirkung bei geringsten Kosten erwartet, kann ich nur auf den Liguster verweisen, der den Anspruch erhebt, die billigste Hecke von allen zu sein. Allerdings ist er auch die gewöhnlichste. Trotzdem muss man zugeben, dass der Liguster gewisse Tugenden besitzt. Er ist billig in der Anschaffung, er ist schnellwüchsig, er ist dicht, er ist immergrün, und man kann ihn so säuberlich und ordentlich zurechtstutzen, wie man will. Insgesamt kann man die Vorzüge des Ligusters nicht außer Acht lassen. Aber er ist ein gewöhnliches Gewächs und wird Ihren Garten genauso aussehen lassen wie den Ihres Nachbarn. Wie immer die Vorzüge des Ligusters auch aussehen mögen, ich mag ihn nicht; oder vielmehr, ich hasse ihn. Aber wenn Sie entschlossen sind, eine schnellwüchsige, billige, dichte, immergrüne Hecke zu haben, muss ich fairerweise zugeben, dass es für den Liguster keine Konkurrenz gibt, außer vielleicht *Lonicera nitida*, die Heckenmyrthe oder Heckenkirsche. Sie gehört zu den Geißblattgewächsen, obwohl sie nicht im mindesten wie ein Geißblatt aussieht, stammt aus China, hat immergrüne kleine, dunkle, glänzende Blätter, ist relativ billig, angeblich absolut winterhart, zumindest im Süden Englands, und wächst mit exemplarischer Geschwindigkeit. Sie wird immer beliebter und droht, den früher so populären Liguster zu verdrängen. Sandige Böden scheinen ihr nicht so gut zu gefallen wie ein reicherer Lehmboden. Auf sandigen Böden muss man sie anscheinend düngen, weil sie sonst dazu neigt, die Blätter abzuwerfen. Aber das gilt auch für den Liguster. *Lonicera nitida* wird Ihnen, und zwar schnell, eine Hecke von über einem Meter fünfzig bis zu zwei Metern Höhe liefern, was wirklich alles ist, was man für gewöhnliche Zwecke braucht.

Unter den anderen immergrünen Hecken nehmen Eibe und Buchs natürlich einen Ehrenplatz ein. Es gibt nichts Schöneres oder Stattlicheres als eine alte Eibenhecke. Allerdings – so wird gesagt – müsste man, um eine Eibenhecke zu pflanzen, schon sehr selbstlos sein; denn das hieße, dass Sie selbst deren Vollendung kaum erleben werden, sondern frühestens Ihre Enkelkinder sich daran erfreuen können. Diese Aussage, kann ich Ihnen erfreut versichern, ist nicht zutreffender als viele andere Legenden. In zehn bis fünfzehn Jahren können Sie durchaus mit einer respektablen Eiben- oder Buchshecke rechnen, vor allem, wenn Sie sie großzügig mit

Stallmist oder einem speziellen Dünger versorgen. Die Eibe ist eine besonders gierige Pflanze und wird Ihnen eine extra Mulchschicht aus Stallmist danken, oder aber eine jährliche Düngergabe, sei es Kalkammonsalpeter oder Ammoniumsulfat. Pflanzen Sie weder Eibe noch Buchs an Stellen, an denen Staunässe auftreten könnte, denn das können beide absolut nicht vertragen! Die Blätter verfärben sich dann gelb, und irgendwann stirbt die Pflanze. Abgesehen davon sind Eibe und Buchs sehr entgegenkommende Pflanzen und vertragen jede Art von Schnitt und Formschnitt. Sie entwickeln sich sogar besser, je mehr Sie sie schneiden. Am besten geschieht das im Frühjahr und dann noch einmal im August, und man pflanzt sie am besten im März oder Anfang April, statt im Herbst. Wenn ich noch einen kleinen Rat anbringen darf, würde ich sagen: Haben Sie Geduld und kaufen Sie Ihre Pflanzen lieber relativ klein, sagen wir, einen guten halben Meter hoch, statt einen Meter hoch oder noch höher. Sie kosten weniger in der Anschaffung, und Sie haben weniger Ausfälle, als wenn Sie größere und teurere Pflanzen kaufen, die den

Umzug möglicherweise nicht so gut überstehen wie die kleineren, jüngeren und billigeren Exemplare.

Aber wenn Ihnen die Kosten für Eibe oder Buchs zu hoch sind, und sie sind zugegeben teurer und weniger schnellwüchsig als andere Heckensorten, und wenn Sie auch keine so gewöhnliche Hecke wie den Liguster haben möchten, dann könnten Sie nicht besser beraten sein, als *Cupressus macrocarpa* zu pflanzen, die Monterey-Zypresse. Viele Leute haben die Vorstellung, dass die Monterey-Zypresse nur in der Nähe des Meeres gedeiht. Das stimmt insofern, als sie Seeluft und Seewind toleriert oder sogar genießt, trifft jedoch nicht dahingehend zu, dass sie nicht auch im Inland sehr glücklich wachsen würde. Sie können sie bedenkenlos pflanzen, egal, wo Sie leben, und sie wird Ihnen gute Dienste leisten, da sie in der Anschaffung relativ billig ist, schnell wächst, einen guten Windschutz abgibt und rücksichtslos zu einer wirklich ordentlichen Hecke gestutzt werden kann. Alles in allem kann ich *Cupressus macrocarpa* nur empfehlen.

Dann sind da noch Hainbuche und Buche. Beide bilden sehr schnell dichte, hohe Hecken. Mit »sehr schnell« meine ich, dass Sie in jedem guten, gewöhnlichen Gartenboden binnen sechs bis sieben Jahren vom Tag der Pflanzung an eine Hecke erhalten, die knapp zwei Meter hoch und einen guten halben Meter dick ist. Weder Hainbuche noch Buche sind teuer, allerdings werfen sie im Winter ihre Blätter ab. Anders ausgedrückt sind sie im Gegensatz zu Liguster, Heckenkirsche, Buchs und Eibe nicht immergrün. Wenn Ihnen das nichts ausmacht und Sie sich mit einer Hecke abfinden können, die sich im Herbst braun färbt und im Winter ihre Blätter abwirft, pflanzen Sie Hainbuche oder Buche, aber pflanzen Sie sie doppelreihig, wenn sie eine schöne dichte Hecke haben wollen.

Weißdorn, Lorbeer und Stechpalme sind ebenfalls gut als Abgrenzungen geeignet. Vielleicht sind sie nicht besonders schön, aber sie sind nützlich. Wenn Sie jedoch eine reine Zierhecke wollen, die hübsch aussehen, aber nicht die Aufgabe übernehmen soll, Schafe oder Kühe fernzuhalten, rate ich zu Fuchsie, Blut-Johannisbeere oder *Berberis darwinii*, Darwins Berberitze. Eine Rosenhecke ist etwas sehr Schönes, eine Fuchsienhecke auch. Entscheiden Sie sich für die winterharte *Riccartonii.* Und wenn Sie eine niedrige, blühende Hecke wollen, pflanzen Sie Lavendel, insbesondere Zwergsorten wie den Schopf-Lavendel oder den Echten Lavendel der Sorte Munstead, die Sie beide nach der Blüte zu so ordentlichen, geraden Formen schneiden können, wie Sie wollen.

Was immer Sie tun, und ganz gleich, für welche Art von Hecke Sie sich entscheiden, machen Sie sich die Mühe, den Boden gut vorzubereiten. Heben Sie einen tiefen Graben aus und achten Sie darauf, dass Wasser gut abfließen kann. Gute Vorbereitung ist das halbe Geheimnis des erfolgreichen Gärtnerns. Und sorgen Sie später dafür, dass der Boden unkrautfrei bleibt und lockern Sie die Oberfläche immer wieder auf, damit Luft und Feuchtigkeit an die jungen Wurzeln gelangen können. Vor allem aber denken Sie daran, dass die sorgsame Anpflanzung geeigneter Hecken die Grundlage ihrer ganzen Gartenplanung ist. Ohne diese Hecken werden

Sie die drei wesentlichen Ziele – Schlichtheit, Symmetrie und Überraschung – niemals erreichen.

Vita Sackville-West

X. BLÜHENDE STRÄUCHER

Wenn früher von Sträuchern oder Büschen die Rede war, dachte man sofort an eine Art Gehölz, einen dunklen, dicht bewachsenen Bereich, der im Frühling vielleicht ein paar Flieder- oder Rhododendronblüten lieferte, ansonsten aber hauptsächlich aus Lorbeer bestand und im Garten keinen wirklichen Zweck erfüllte, außer als ein Ort, an dem die Kinder Verstecken spielen konnten. Im Winter war es dort nass und kalt, im Sommer staubig. Heute haben wir andere Vorstellungen. Wenn wir heute von Sträuchern und Büschen sprechen, meinen wir etwas Blumiges, Luftiges, das üppig blüht und wenn möglich zudem intensiv duftet. Jedenfalls ist es eine dankbare Aufgabe, heute über Sträucher zu sprechen.

Diese Ausführungen sind nicht an all die Experten gerichtet, die sämtliche neuen Sorten kennen und mit augenfälligem und irritierendem Erfolg anpflanzen, sondern an die vielen Amateure, die einfach nur ein paar der zufriedenstellenderen Sorten in ihren Gärten haben wollen. Und ich habe nichts Ehrgeizigeres im Sinn, als Ihnen ein paar Tipps zu geben, was sie anpflanzen könnten und wie und wo. Ich werde nur ein paar ausgewählte Sorten vorschlagen, wobei mir klar ist, dass ich viele andere unerwähnt lassen muss.

Manche Sträucher werden jedem sofort als begehrenswert einfallen. Die Azalee zum Beispiel, die in allen Farben des Sonnenuntergangs erstrahlt. Es existiert die Vorstellung, dass die Azalee nur auf torfigem Boden angepflanzt werden kann. Das ist zum Glück ein Trugschluss. Ich selbst habe Azaleen in schwerstem Lehm angepflanzt. Damit meine ich natürlich nicht, dass ich sie einfach in reinen Ton gesteckt habe. Nein. Ich hob ein passendes Loch aus, etwa einen Meter im Durchmesser und einen guten halben Meter tief, und füllte es mit Lehm und Lauberde. Das war keine große Mühe, und die Belohnung war groß, vor allem, wenn Sie bedenken, dass die Azalee mit jedem Jahr an Größe und folglich auch an Schönheit zulegt. Was die Azalee zu einer so zuvorkommenden Pflanze macht, ist die Tatsache, dass sie nicht tief wurzelt. Sie streckt ihre Wurzeln nicht so lange nach unten aus, bis sie die Erdschicht findet, die sie am meisten verabscheut. Nein, sie ist ein Flachwurzler und bildet eine Matte faseriger Wurzeln aus. Diese Matte faseriger Wurzeln kann gefahrlos in das vorbereitete, mit Lauberde und gutem Lehm gefüllte Loch gesetzt werden.

Es gibt viele neue Azaleensorten, und einige ihrer Farben sind sehr auffällig und schön. Ich selbst bleibe allerdings den alten, klebrigen, süß duftenden Sorten treu: den sommergrünen Mollis-Azaleen, den Genter Hybriden und der Pontischen oder der Gelben Azalee. Falls Sie jedoch etwas besonders Farbintensives wollen, kann ich Ihnen die laubabwerfende Sorte ›Koster's Brilliant Red‹ empfehlen. Sie ist auch einfach anzupflanzen und liefert Ihnen ein großartiges Farbschauspiel, riecht aber nicht so gut wie die Genter Hybriden, die Mollis oder die Pontica.

Als Nächstes wird jeder an Ginster denken. Die vielen verschiedenen Sorten sind besonders nützlich für alle, die sich an der undankbaren Aufgabe versuchen, auf kargen, mageren oder sandigen Böden zu gärtnern. Allerdings haben sie für Kalk nicht viel übrig. Einige der sogenannten verbesserten Sorten sind übrigens tatsächlich verbessert, ein Wort, von dem ich immer denke, dass es in manchen Fällen ohne große Berechtigung verwendet wird, aber es gibt nur wenige wundervollere oder intensiver duftende Pflanzen als den großen, gelben Spanischen Ginster, auch Besenginster oder Pfriemenginster genannt, der den zusätzlichen Vorzug besitzt, auch kalkige Böden zu tolerieren. Eine Liste der neuen Sorten lässt sich in jedem Gartenkatalog finden, aber ich möchte insbesondere die ›Dorothy Walpole‹ empfehlen, die wie rosiger Samt aussieht; ›Fulgens‹ und ›Lord Lambourne‹, beide golden-orange, und ›Moonlight‹, eine wunderschöne, fedrige, cremegelbe, Pflanze, wie der Name schon vermuten lässt. Wichtig zu bedenken bei den Ginstern ist, dass sie es nicht mögen, verpflanzt zu werden. Daher ist es besser, sie in

Töpfen zu kaufen. Ich habe auch festgestellt, dass man sich aus Samen ganz leicht selbst Nachwuchs ziehen kann.

Eine weitere Pflanze, die durch Neuzüchtungen sehr profitiert, ist der Flieder. So absolut zuvorkommend, wie er von Natur aus ist, wächst und blüht der Flieder so gut wie überall, und für alle, die gerne von der althergebrachten, gewöhnlichen, helllila Sorte wegkommen möchten, schlage ich folgende Varianten vor: ›Andenken an Ludwig Späth‹, von einem dunklen Purpurrot; ›Congo‹; ›Katherine Havemeyer‹; ›Reaumur‹ und ›Massena‹. Und wenn Sie mit Ihrem Flieder die besten Ergebnisse erzielen wollen, sollten Sie daran denken, die Samenstände abzuschneiden. Das ist eine ziemlich aufwändige Arbeit, aber eine, die sich auszahlt. Das Gleiche gilt natürlich auch für die Azaleen – bei denen es nicht nur eine aufwändige, sondern auch eine klebrige Angelegenheit ist.

Es lohnt sich auch, den Sommerflieder zu pflanzen, entweder als freistehenden Strauch oder vor einer Mauer. Der Sommerflieder lohnt sich nicht nur wegen seines schnellen und rigorosen Wachstums, sondern auch weil er, wie sein ebenfalls gebräuchlicher Name, Schmetterlingsflieder, schon sagt, Falter und Schmetterlinge anzieht, die sich in solchen Massen auf den langen, lockeren Blütenrispen versammeln, dass man sich fragt, was schöner ist, die Blüten oder die Insekten. Wenn Sie eine violette Sorte wollen, nehmen Sie ›Magnifica‹, wenn Ihnen Gelborange lieber ist, den Kugel-Sommerflieder, *Buddleja globosa*.

Dann wäre da noch die Säckelblume, *Ceanothus*, auch kalifornischer Flieder genannt, mit ihren pudrig-blauen Blüten. Eine der schönsten Farbkombinationen, die ich kenne, ergibt sich aus der Sorte ›Gloire de Versailles‹ zusammen mit der *Clematis montana rubra*, der rosa Sorte, die sich durch sie hindurchrankt. Die Clematis liebt es, sich mit ihren zarten Ranken an etwas festzuhalten, und sie scheint der Säckelblume nicht zu schaden oder sie gar zu erwürgen. Der einzige Nachteil ist der, dass es das Zurückschneiden der Säckelblume zu einer ziemlich kniffligen Angelegenheit macht, und sie sollte im April drastisch zurückgeschnitten werden. Außerdem sollte man im Sommer die verblühten Rispen abschneiden, wenn man im Herbst eine zweite Blüte haben möchte. Trotzdem bleibe ich dabei, dass das Experiment mit der Clematis einen Versuch lohnt; das Rosa und das Blau zusammen ergeben ein so ungewöhnliches, zartes Bild.

Die Säckelblume eignet sich auch gut dazu, sie mit dem tieferen Blau von *Ceratostigma willmottiana*, der Chinesischen Bleiwurz, zu kombinieren. Die Bleiwurz wird nicht annähernd so hoch wie die Säckelblume und kann davor oder rund um sie herum gepflanzt werden. Der Gegensatz zwischen dem Enzianblau der Bleiwurz und dem Puderblau der Säckelblume, durch die sich die rosige Clematis rankt, gehört zu den schönsten Farbkombinationen, die man im Garten haben kann.

Bevor wir die Säckelblume verlassen, muss ich Sie noch auf zwei Dinge aufmerksam machen: Sie hasst kalten Wind, der durch sie hindurchfährt und ihre Blätter braun färbt, und sie hat die irritierende Angewohnheit, nach zehn oder zwölf Jahren aus unerfindlichen Gründen einfach zu sterben. Trotzdem ist und bleibt sie eine Pflanze, die jeder in seinem Garten haben sollte.

Eine weitere Verbindung, die leicht zu erreichen und überaus befriedigend ist, ist die aus Zistrose und Sonnenröschen. Natürlich sind die beiden botanisch miteinander verwandt, und die großen Blüten der Zistrose wiederholen sich im Miniaturformat in den kleinen Sonnenröschen, lateinisch *Helianthemum*, die man als Umrandung um den großen Zistrosenstrauch herumpflanzen kann. Schon der Name Sonnenröschen verrät Ihnen, dass sie die volle Sonne lieben, und je leichter und gröber die Erde ist, desto besser. Aber sie sind extrem pflegeleicht, und vorausgesetzt, Sie bieten ihnen genügend Sonne und vermeiden wirklich schweren Lehm, dann werden Sie den ganzen Sommer hindurch mit einer unglaublichen Blütenfülle belohnt. Außerdem hat mich meine Erfahrung gelehrt, dass ich mit einer noch üppigeren zweiten Blüte belohnt werde, je rigoroser ich sie nach der ersten Blüte zurückschneide. Heutzutage sind sie in allen Farben der Palette erhältlich, vom blassesten Gelb bis hin zum dunkelsten Orange und zum leuchtendsten Scharlachrot.

Die Zeit zwingt mich, in aller Eile über ein

paar andere Sträucher hinwegzuhuschen, die in jedem Garten Platz finden sollten, als da wären der Korea-Schneeball, der Duftschneeball und die *Forsythie* ›Spectabilis‹, die Ihnen im März lange Zweige voller gelber Blüten schenkt. Und dann hätten wir noch *Kerria japonica*, den Ranunkelstrauch, der selbst in schattigen Ecken wächst, wo nichts sonst gedeihen würde. Außerdem gibt es *Solanum crispum*, den Chilenischen Nachtschatten, einer der besten Sträucher, um eine hässliche Mauer schnell zu verdecken. Aber wenn Sie lieber etwas Ungewöhlicheres möchten, sollten Sie es an einer warmen Südmauer mit *Bignonia grandiflora* versuchen, der Chinesischen Klettertrompete mit ihren trompetenförmigen orangen Blüten. Eine weitere hübsche Kletterpflanze für warme Ecken ist die Schönmalve *Abutilon vexillarium* bzw. *megabotanicum.* Sie ist nicht annähernd so spektakulär wie die Bignonia, aber sie ist sehr hübsch, wenn man die hängenden, glockenförmigen Blüten mit ihren kleinen gelben Petticoats genauer in Augenschein nimmt. Und natürlich sollte jeder zumindest einen Echten Lorbeer pflanzen. Seine dunklen, glänzenden Blätter bilden einen bewunderns-werten Kontrast zu jeder intensiv leuchtenden Blume, die in der Nähe wächst.

Wenn man etwas Großes haben will, gibt es nichts Besseres als den altmodischen Pfeifen-strauch oder Bauernjasmin, *Philadelphus coronarius*. Ich betone altmodisch, weil die neueren Sorten mit den größeren Blüten anscheinend den Duft verloren haben, der mich immer an Orangenblüten erinnert.

Ein paar Hinweise zum Pflanzen von Sträuchern sind vielleicht nützlich, denn man kann sie jederzeit zwischen November und März pflanzen. Es gibt nur ein paar wenige, simple Regeln: Setzen Sie sie immer fest ein, mischen Sie etwas krümelige Erde zwischen die Wurzeln und treten sie die Erde so gut fest, wie Sie nur können. Es ist zu empfehlen, hochwachsende Sträucher, bei denen die Gefahr besteht, dass sie vom Wind losgerissen werden, gleich zu Anfang an einem Stab festzubinden. Und nachdem Sie Ihre Sträucher gepflanzt haben, müssen Sie darauf achten, dass Sie später nicht von Gras oder Unkräutern bedrängt werden. Vielmehr sollten Sie die Erde regelmäßig mit der Harke auflockern, damit Ihre Sträucher ein Maximum an Luft und Regen abbekommen.

Vita Sackville-West

XI. EINJÄHRIGE

Als Kind hatte ich ein Buch mit dem Titel *Blumen, die nicht enttäuschen.* Die Begeisterung fürs Gärtnern, die dieses Buch in mir auslöste, war nur kurzlebig, weil ich feststellen musste, dass die Blumen fast immer enttäuschten. Allerdings zog ich eine Lehre aus dieser traurigen Erfahrung: Die Lehre, niemals Pflanzen zu empfehlen, bei denen man nicht absolut sicher sein kann, dass sie einen bei angemessener Pflege auch wirklich zufriedenstellen.

Die große Mehrzahl der Einjährigen wird Sie zufriedenstellen. Vielleicht sollte ich für absolute Amateure noch erklären, dass Einjährige Pflanzen sind, die, im Frühling ausgesät, im Sommer blühen und dann absterben. Einjährige haben viele Vorzüge und nur einen Nachteil. Dieser eine Nachteil ist der, dass sie nur einen einzigen

Sommer überdauern. Doch dagegen kann man die Tatsache setzen, dass sie sich mit großer Wahrscheinlichkeit selbst aussäen und im nächsten Jahr problemlos wieder in Erscheinung treten. Die Vorzüge dagegen sind zahlreich. Sie sind billig; sie sind fröhlich; sie kommen schnell zur Blüte; sie sind unersetzlich, wenn es darum geht, die kahlen Stellen zu verdecken, die die Frühlingsblumen hinterlassen, wenn sie eingezogen sind. Sie sind nützlich als Schnittblumen für Sträuße, und viele von ihnen gehören zu den Blumen mit dem süßesten Duft, die wir im Garten haben können. Zusätzlich findet man auf fast jeder Samenpackung, die man kauft, ausreichende Informationen darüber, wie sie behandelt werden müssen. Kurz gesagt, sind die meisten Einjährigen praktisch narrensicher.

Ein paar Punkte sollte man allerdings im Gedächtnis behalten. Manche Einjährige mögen es nicht, verpflanzt zu werden, und jeder Versuch, sie von einer Stelle des Gartens in eine andere Ecke zu versetzen, wird unweigerlich scheitern. Diese Sorten müssen folglich da ausgesät werden, wo sie später blühen sollen, und nicht in

Töpfe oder Kästen, und es hat auch keinen Zweck, die Pflänzchen, die man im Lauf des Ausdünnen oder Pikieren genannten Prozesses ausgerupft hat, der Sparsamkeit halber woanders einzupflanzen. Ich weiß, es ist schwer, eine Menge vielversprechender kleiner Pflänzchen wegzuwerfen, wie immer nach dem Ausdünnen, aber alles andere ist zwecklos. Zu diesen eher ungefälligen Einjährigen gehören die Mitglieder der Mohnfamilie mit ihren langen, dünnen Wurzeln, eingeschlossen der Kalifornische Mohn. Er zählt zu den prächtigsten Einjährigen und rangiert in der Farbe von cremigem Weiß über Gelb zu Orange und Rot. Er muss immer dort gesät werden, wo er bleiben soll. Das Gleiche gilt für Kapuzinerkresse und Meerviole oder Strandlevkoje *Malcolmia maritima*, bei denen man sich darauf verlassen kann, dass sie einem, sofern man sie in Ruhe lässt, schnelle und beeindruckende Effekte liefern. Tatsächlich werden Sie feststellen, dass sich viele Einjährige, beispielsweise Sommerazalee, Rittersporn, Leinkraut oder Jungfer im Grünen weit besser machen, wenn Sie sie von Anfang an in Ruhe lassen.

Umgekehrt gibt es auch Sorten, die Sie als Sämlinge verpflanzen können, ohne dass sie sich dadurch auch nur im Geringsten beeinträchtigt fühlen. Sie sind insofern besonders nützlich, als Sie sich Nachschub in Kästen oder in einer ungenutzten Ecke des Gartens halten und jederzeit versetzen können, wenn Sie irgendwo eine leere Stelle auffüllen wollen. Sie sind teils derart entgegenkommend, dass viele von ihnen sogar noch verpflanzt werden können, wenn sie das Sämlingsstadium längst hinter sich gelassen haben und bereit sind, Blüten anzusetzen. Löwenmäulchen, Levkojen, Hornveilchen, Stiefmütterchen, Männertreu und Astern gehören in diese Kategorie. Es ist übrigens ratsam, sie sozusagen in eine Pfütze zu pflanzen, statt sie nach dem Pflanzen von oben zu gießen, vor allem, wenn es heiß und trocken ist. Mit ›in eine Pfütze pflanzen‹ meine ich, dass sie eine Gießkanne zur Hand haben und jedes Pflanzloch mit Wasser füllen sollten, bevor sie die Pflanze hineinsetzen. Auf diese Weise findet sie die Feuchtigkeit direkt an ihren Wurzeln, und die Erdoberfläche kann nicht verkrusten und hart werden, was schnell passiert, wenn man bei voller Sonne gießt. Diese goldene Regel macht nicht mehr Mühe als das Gießen nach dem Einpflanzen. Übrigens ist es auch besser, wenn irgend möglich erst abends zu pflanzen, denn dann haben die Setzlinge die lange, kühle Nacht, um sich in ihrem neuen Quartier einzugewöhnen, aber wenn Sie aus irgendwelchen Gründen nur morgens oder tagsüber pflanzen können, sollten Sie auf folgendes Hilfsmittel zurückgreifen, nämlich einen Blumentopf umgekehrt über besondere Lieblinge zu stülpen, um sie vor der Sonne zu schützen, bis sie aufhören, auch nur im mindesten unglücklich auszusehen.

Es gibt also zwei Möglichkeiten, Einjährige auszusäen: Erstens gleich an die Stelle im Garten, an der sie bleiben sollen, und zweitens in einen Kasten oder eine Ecke des Gartens, von wo sie später dahin versetzt werden können, wo sie blühen sollen. Die Anweisungen auf den Samenpäckchen verraten Ihnen in den meisten Fällen, welche Methode sie anwenden müssen. Denken Sie jedoch daran, dass im März, April oder Mai gesäte Blumen im Sommer in voller Blüte stehen und dann für immer verschwinden werden – ausgenommen die selbst ausgesäten Nachkömmlinge, die sie vielleicht hinterlassen.

Nun zu der Frage, wann und wie man aussäen soll. Befassen wir uns zunächst mit dem »wann«. Das hängt von der Sorte ab, die sie säen wollen, vor allem davon, ob sie eher frostempfindlich ist oder nicht, und auch hier werden Sie die nötigen Informationen auf dem Päckchen finden. Im Grunde genommen, können alle eher unempfindlichen Einjährigen im April, Mai und Juni ins Freiland gesät werden, obwohl sie natürlich, wenn sie später gesät werden, auch erst später blühen, was bedeutet, dass Sie sie auch sukzessive säen können, um eine längere Blüte zu erreichen. In England ist es nicht sehr sicher, vor April ins Freiland auszusäen, denn was man eventuell an Zeit gewinnt, kann man leicht durch Spätfröste verlieren. Ganz gleich, wie ungeduldig Sie auch sein mögen, Ihre Samen endlich in die Erde zu bringen, es ist besser, bis zur, sagen wir, zweiten Aprilwoche zu warten. Gärtnern ist eine Profession, die Geduld erfordert; es ist eine Profession, die einen lehrt, dass Geduld sich auf lange Sicht auszahlt. Sie können die Lücke zwischen März und zweiter Aprilwoche damit füllen, dass Sie sich den Katalog einer vertrauenswürdigen Gärtnerei besorgen und sich überlegen, was für Einjährige Sie haben wollen, aber beeilen Sie sich nicht zu sehr mit der eigentlichen Aussaat.

Wenn Sie hingegen ein Gewächshaus oder ein Frühbeet Ihr Eigen nennen, gleich ob beheizt oder unbeheizt, brauchen Sie keine Zeit zu verlieren und können die robusten Einjährigen in Kästen säen, wobei Sie aber immer daran denken sollten, dass die, die es nicht vertragen, umgesetzt zu werden, erst im April oder Anfang Mai an Ihren endgültigen Standort gesät werden sollten.

Unter Glas, sofern es frostfest ist, können Sie auch weniger robuste Einjährige in Kästen säen, um sie später auszupflanzen; und wenn Ihr Gewächshaus beheizt ist, können Sie sie natürlich schon im Februar oder März säen. Unter diesen nur eingeschränkt robusten Einjährigen wird sich vielleicht auch das ein oder andere Päckchen Zinnien finden. Achten Sie bitte darauf, diese nicht zu nass zu halten, denn sie neigen zu Stängelfäule, und dann kann eine ganze Kiste voller gesund aussehender kleiner Sämlinge auf die bedauerlichste Art dahinkümmern and -siechen. Übrigens ist die Zinnie eine Blume, die einen schnell einmal enttäuscht, aber ihre steife Schönheit, die Vielfalt ihrer Farben und die erstaunliche Länge der Zeit, die sie sich hält, sowohl in der Erde als auch als Schnittblume, machen es durchaus lohnend, sich trotz mancher Katastrophen nicht entmutigen zu lassen.

Nun zum »Wie« des Säens. Ganz gleich, ob Sie ins Freiland oder in Kästen säen, es gibt zwei oder drei Regeln, die man beachten sollte. Machen Sie die Erde so feinkrümelig wie nur irgend möglich. Insbesondere wenn Sie sehr kleine Samen in Kästen säen, sollten sie die Erde vorher sieben. Sie muss feucht, aber nicht klatschnass sein. Säen Sie so dünn wie möglich. Fast immer verstreut man mehr Samen als nötig, was nicht nur eine Verschwendung, sondern auch den entstehenden Sämlingen abträglich ist. Bedecken Sie die Samen dünn mit feinkrümeliger Erde; vielleicht mischen Sie sogar etwas Quarzsand unter die Abdeckerde. Je kleiner die Samen, desto weniger Abdeckung brauchen sie; im Fall sehr kleiner Samen reicht es, dass sie gerade nicht mehr zu sehen sind. Um die Keimung zu beschleunigen, legen Sie ein Stück Packpapier über die Kästen, bis die Sämlinge erscheinen, aber lassen Sie das Packpapier nicht zu lange dort, sonst werden die Sämlinge lang und schwächlich. Natürlich gilt das nur für Kästen, da es unmöglich ist, Packpapier über Samen im Freiland zu decken.

Sobald Ihre Sämlinge 6 bis 9 Zentimeter groß sind, müssen Sie sie ausdünnen oder pikieren – eine leidige Aufgabe, für die man geschickte Finger und ein skrupelloses Herz braucht. Der Abstand, den Sie Ihren Pflänzchen bieten sollten, hängt natürlich von der Größe und Art der ausgewachsenen Pflanze ab, und es ist eine gute Idee, sich ein ausgewachsenes Exemplar Ihrer Pflanze vorzustellen und dann den entsprechenden Platz zwischen den Sämlingen zu lassen. Das Pikieren macht sich am besten, wenn die Erde feucht ist und die kleinen Pflänzchen, die Sie auszupfen, diejenigen, die Sie behalten wollen, nicht aufstören. Ziel des Pikierens ist es, zu verhindern, dass die Sämlinge zu lang und schwach werden, sondern schöne, kräftige, buschige Pflanzen entstehen, die ausreichend Platz haben, um sich zu entfalten und sich Ihnen bestmöglich zu präsentieren, und das ist ein weiterer Grund, der dafür spricht, gleich zu Beginn möglichst dünn zu säen.

Es wäre für mich und jeden anderen unmöglich, eine komplette Liste aller Einjährigen aufzuführen, gleich ob empfindlich oder nicht. Eine solche Liste müsste jeweils den Anforderungen jedes Einzelnen entsprechen und lässt sich leicht aus den Gartenkatalogen zusammenstellen. Statt mich an dieser unmöglichen Aufgabe zu versuchen, nenne ich hier nur drei oder vier besondere Einjährige, mit ein paar Hinweisen, wo und wie man sie zieht.

Zunächst zwei Einjährige, die dafür sorgen werden, dass die Luft in Ihrem Garten an den Sommerabenden gut riecht: Flügel- oder Bauerntabak und Nacht-Levkoje. Flügeltabak, oder *Nicotiana alata*, ist ein bisschen empfindlich. Sie müssen ihn also entweder erst in Kästen oder unter Glas säen oder im Mai ins Freie. Für dekorative Zwecke ist er nicht unbedingt geeignet, aber er verbreitet einen wirklich schönen Duft und wächst auch in schattigen Ecken, wo die hübscheren, sonnenliebenden Einjährigen nicht gedeihen würden. Sie werden auch feststellen, dass er sich großzügig selbst aussät, so dass Sie im nächsten Jahr Nachschub haben werden. Außerdem hat er den Vorteil, sich problemlos verpflanzen zu lassen. (Übrigens lohnt es sich, ein oder zwei Pflanzen in Töpfen fürs Haus zu ziehen, eben wegen des Dufts). Die Nacht-Levkoje ist eine weitere Einjährige, die zwar nicht sehr dekorativ ist, aber ebenfalls in schattigen Ecken gedeiht und abends wunderbar duftet. Sie gehört allerdings zu denen, die es nicht tolerieren, umgepflanzt zu werden. Ich schlage daher vor, dass Sie sie unter ein Fenster in den Schatten säen und den ganzen Sommer hindurch nachsäen. So klein und hässlich die Pflanze tagsüber auch ist, wacht sie bei Sonnenuntergang auf und schenkt Ihnen mit ihrer Höhe von über einem Meter Ihren Duft, bis Sie sie den Eulen und dem Mond überlassen und sich in Ihr Bett begeben. *Matthiola bicornis* lautet der grauenhafte Name, den die Biologen ihr gegeben haben.

Eine weitere Einjährige, die nur selten bis zum

Amateurgärtner vordringt, ist der Zierkürbis. Ich frage mich wirklich, wieso diese amüsante Pflanze nicht häufiger eingesetzt wird. Sie überzieht jedes Rankgerüst und jeden Zaun und versorgt das Haus den ganzen Winter über mit Schalen voller sehr unterschiedlicher Früchte, die wie Miniaturausgaben normaler Gartenkürbisse aussehen, aber nur etwa so groß sind wie Zitronen oder Orangen. Das Wachstum, das ein einziges Samenkorn hinlegt, ist enorm. Ein Samenpäckchen, das man im späten April oder frühen Mai aussät, liefert einem mehr Pflanzen und mehr Früchte, als man auch nur ansatzweise verwenden kann. Lassen Sie die Früchte an der Pflanze, bis sie voll ausgereift sind, ernten Sie sie vor dem ersten Frost und überziehen Sie sie mit Kopallack, und sie bleiben den ganzen Winter über frisch.

Ein letztes Wort zur weiteren Behandlung der Einjährigen: Vergessen Sie nicht, dass ihr eigentlicher Wunsch darin besteht, sich so schnell und so zahlreich zu reproduzieren wie nur irgend möglich. Diesen Wunsch müssen Sie unterbinden und besiegen, wenn Sie Ihrerseits wollen, dass sie so lange wie möglich blühen und Ihren Garten verschönern. Daher müssen Sie die Samen kappen, sobald sie sich bilden. Ich weiß, es ist mühsam, jeden Morgen nach dem Frühstück mit einer Nagelschere bewaffnet nach draußen zu gehen, um die Samenkapseln der Stiefmütterchen abzuknipsen. Trotzdem sollte es getan werden. Ihre Belohnung besteht in einer, wie die professionellen Gärtner sagen, verlängerten Blütezeit. Aber vergessen Sie nicht, genug Samenkapseln ausreifen zu lassen, damit sie Sie mit einer neuen Generation von Sämlingen versorgen können, die sie Ihnen großzügig ganz umsonst schenken, um Ihren Garten im nächsten Sommer erneut zu zieren.